Rafael Novoa

Princípios agronómicos: base da teoria agronómica

Rafael Novoa

Princípios agronómicos: base da teoria agronómica

ScienciaScripts

Imprint
Any brand names and product names mentioned in this book are subject to trademark, brand or patent protection and are trademarks or registered trademarks of their respective holders. The use of brand names, product names, common names, trade names, product descriptions etc. even without a particular marking in this work is in no way to be construed to mean that such names may be regarded as unrestricted in respect of trademark and brand protection legislation and could thus be used by anyone.

Cover image: www.ingimage.com

This book is a translation from the original published under ISBN 978-620-0-05638-2.

Publisher:
Sciencia Scripts
is a trademark of
Dodo Books Indian Ocean Ltd. and OmniScriptum S.R.L publishing group

120 High Road, East Finchley, London, N2 9ED, United Kingdom
Str. Armeneasca 28/1, office 1, Chisinau MD-2012, Republic of Moldova, Europe
Printed at: see last page
ISBN: 978-620-7-39194-3

ÍNDICE DE CONTEÚDOS

Resumo

Uma teoria agronómica que sintetize os conhecimentos adquiridos até à data é de grande importância teórica e prática. O progresso das ciências, desde a sua infância até à sua maturidade, segue um caminho que as leva de uma linguagem descritiva de princípios a uma linguagem matemática mais concisa e precisa de leis, para finalmente chegar a modelos que integram formalmente o conhecimento a que podemos chamar basicamente uma teoria. Assim, os três princípios agronómicos básicos discutidos são: a utilização de organismos melhorados eficientes, dando a estes organismos as condições ecológicas adequadas para a expressão do seu potencial genético, e uma gestão adequada.
Verifica-se que a influência de cada um destes princípios nos rendimentos é, em média, de cerca de 33% cada. A aplicação prática destes princípios é ilustrada em três casos: o efeito das tecnologias agrícolas no ambiente, a forma como podem ajudar a analisar a gestão de uma cultura e a visualizar a relação entre as tecnologias, os produtos e as ciências agronómicas que lhes estão subjacentes. Por fim, são abordadas as leis agronómicas e, finalmente, os modelos de simulação, os seus tipos, os tipos de modelos de simulação e a validação dos modelos de simulação dinâmica, bem como as suas vantagens, problemas e utilizações.

Palavras-chave: princípios, agronomia, leis agronómicas, modelos dinâmicos.

Resumo

Uma teoria agronómica que sintetize os conhecimentos adquiridos até à data é de grande importância teórica e prática. O avanço das ciências, desde os seus primórdios até à sua maturidade, parece seguir um caminho que começa com uma linguagem descritiva dos princípios, passando por uma linguagem matemática mais concisa e precisa, para finalmente chegar a modelos que integram formalmente todos os conhecimentos numa teoria. Assim, os princípios agronómicos de base são: utilizar organismos melhorados eficientes, proporcionar a estes organismos as condições ecológicas adequadas para que possam exprimir o seu potencial genético e proporcionar uma boa gestão.
Parece que a influência de cada um destes princípios no rendimento é de 33% cada. A utilização prática destes princípios é ilustrada em três casos: o impacto ambiental das tecnologias agrícolas, uma análise da forma como uma cultura é gerida e a relação entre as tecnologias agrícolas, os produtos e as ciências agrícolas que os sustentam.
São discutidas as leis agronómicas e os modelos de simulação. São discutidos o tipo de modelos, a forma como os modelos dinâmicos são construídos, como são validados, as suas vantagens e problemas e, finalmente, a utilização dos modelos.

Capítulo 1

1.   - INTRODUÇÃO.

O objetivo principal desta obra é integrar os avanços obtidos no domínio da agronomia, orientados mais para a compreensão dos processos fundamentais do que para um conhecimento detalhado que é deixado ao especialista de uma das ciências agronómicas. O objetivo é lançar as bases de uma teoria agronómica. Trata-se, evidentemente, de um primeiro passo, um ponto de partida que será, sem dúvida, desenvolvido no futuro.

O plano é o seguinte: descrever os princípios básicos e as suas leis, dar exemplos de utilizações práticas destes princípios, discutir alguns avanços na quantificação do impacto destes princípios na produção, rever a importância da utilização de modelos de simulação. O termo agronomia (derivado da combinação latina ager, campo y do grego, nomos, lei) será utilizado no seu sentido mais lato, que inclui não só o cultivo da terra para gerar produtos derivados de plantas, mas também para gerar produtos derivados de animais. No entanto, os exemplos que vou citar são todos do domínio vegetal, mas isso não significa que estes princípios não sejam válidos no domínio da produção animal. Na verdade, eles são válidos para qualquer atividade produtiva que utilize organismos vivos para produzir bens.

1.1.   - Ciência, Teorias y Agronomia.

O sucesso de várias ciências, como a física ou a genética, que estão na base de desenvolvimentos tecnológicos espectaculares, está intimamente relacionado com o facto de existirem teorias sólidas. Estas representam uma síntese dos progressos realizados pelos resultados experimentais e das inferências ou deduções dos investigadores, feitas até à data, numa determinada ciência. A construção de teorias é um jogo de compressão de dados. Trata-se de encontrar uma mensagem, tão curta quanto possível, que, quando descomprimida, produz um modelo exato, explica Wilczek, 2008. Uma boa teoria científica permite avanços tecnológicos que decorrem das suas consequências e tem, por isso, uma enorme utilidade prática. Um exemplo notável é a descoberta da estrutura do ADN, que serviu de base a desenvolvimentos práticos em numerosos domínios da biologia. Além disso, seguindo os seus princípios e leis, os investigadores podem avançar sobre uma base sólida no desenvolvimento desta ciência. Se compararmos a agronomia com o melhoramento genético, que se baseia na aplicação das leis da genética e que está atualmente a dar os primeiros passos na aplicação da engenharia genética, podemos constatar que os seus progressos são muito mais previsíveis e seguros do que os da agronomia. Isto deve-se ao facto de a genética ter desenvolvido uma teoria e leis que, quando aplicadas, conduzem, com toda a certeza, à produção de plantas e animais "melhorados", ou seja, organismos com características conscientemente introduzidas que lhes conferem o potencial de produzir mais e melhor qualidade. Em agronomia, não existe um guia semelhante à teoria genética, não existe uma teoria agronómica explicitamente reconhecida.

Talvez seja por isso que o Departamento de Agronomia da Universidade da Califórnia, em Davis, afirma que a Agronomia é a ciência e a **arte** da produção agrícola. É possível que nesta definição se reconheça que existe arte, provavelmente por falta de uma boa teoria científica.

As ciências são geralmente classificadas como naturais (por exemplo, física, química, biologia), sociais (por exemplo, economia, sociologia) e formais (por exemplo, matemática, informática). De acordo com o que precede, a agronomia y situar-se-ia no âmbito das ciências naturais.

Poder-se-á perguntar se a agronomia é ou não uma ciência. Até à Idade Média, ciência, *scientia* em latim, significava apenas conhecimento. Posteriormente, passou a significar, para além disso, uma forma precisa e normalizada de obter conhecimentos. Isto significa submeter as nossas hipóteses à corroboração pela experimentação, ou seja, à utilização do método científico. No entanto, nem todas as ciências recorrem à experimentação. Assim, a matemática utiliza uma metodologia lógico-dedutiva e a astronomia recorre à observação para confirmar as suas hipóteses.

Se entendermos a ciência como um conjunto de conhecimentos adquiridos através do método científico, então a agronomia é uma ciência porque os seus conhecimentos só são aceites se forem obtidos através deste procedimento e se puderem ser verificados por terceiros.

Se olharmos para a física, porventura a ciência mais avançada da atualidade, verificamos que, para além de seguir o método científico, estabeleceu princípios, como o da incerteza, utilizou a linguagem da matemática para exprimir as suas leis e reconheceu que é possível desenvolver teorias apenas pelo raciocínio (física teórica), desde que estejam de acordo com os resultados experimentais conhecidos. Do mesmo modo, a biologia tem vindo a explorar ativamente o campo da biologia teórica, como o demonstra a existência da revista Journal of Theoretical Biology. Existem também departamentos e centros de Ecologia Teórica nas universidades de Wageningen, Holanda, Lunds, Suécia, Helsínquia, Finlândia, Leuven, Bélgica, Queensland, Austrália, Princeton, Stanford, EUA e muitas outras. Em geral, estes grupos trabalham com modelos matemáticos para resumir, quantificar e compreender os problemas biológicos. Foram também criados departamentos de "Ecologia de Sistemas" que aplicam a teoria geral dos sistemas e a modelização à ecologia, nomeadamente os da Universidade de Estocolmo, da Universidade de Bucareste, da Universidade de Vrieje de Amesterdão e dos programas de ecologia de sistemas da Universidade da Florida, nos EUA.

A ecologia é interessante porque é uma ciência biológica muito próxima da agronomia, uma vez que centra o seu trabalho nas interacções entre as populações, e não os indivíduos, e o ambiente circundante, incluindo populações de outras plantas, microrganismos, doenças e pragas. Tem-se dito que a agronomia é ecologia mais economia, mas na realidade é antes autoecologia (que tem a vantagem de permitir experiências para testar as nossas hipóteses agronómicas) e, mais do que economia, é gestão (que inclui economia, sociologia e outras disciplinas relevantes).

Assim, poderíamos definir a agronomia como como: A Ciência dos Ecossistemas Agrícolas e sua Gestão. Estes ecossistemas são aqueles formados, principalmente, por populações de uma ou poucas espécies, orientadas para a produção de bens de interesse humano (alimentos, energia, fibras, madeira, fármacos, pigmentos e outros).

É também uma ciência que integra conhecimentos gerados por muitas disciplinas: física, química, biologia, fisiologia, bioquímica, genética, meteorologia, ciências do solo, patologia, bacteriologia, nutrição, entomologia, ecologia, economia e geografia, entre outras. Esta integração permite, muitas vezes, pegar na informação ao nível molecular, dos tecidos ou dos organismos e dar-lhe significado ao nível da população ou da agricultura.

1.2.   - Agricultura y Agronomia

Por outro lado, a agricultura, o campo de aplicação da agronomia, pode ser considerada como uma forma de simbiose que ocorre em pelo menos quatro grupos de espécies animais animadas: formigas, térmitas, insectos de casca da subfamília Scolitinae, e, pelo homem, Shulz & Brady, 2008. Embora existam evidências recentes de consumo humano de grãos não cultivados processados há cerca de 30000 anos (Revedina et al., 2010), a agricultura feita pelo homem só apareceu há cerca de 10.000 anos (Zeder, 2008, Miller, 2008, Barton et al., 2009) mas nasceu muito antes, há cerca de 50 milhões de anos no caso de algumas formigas. Numerosas espécies (cerca de 160 só no caso das formigas da tribo Attini (Shulz & Brady, 2008, Benckiser, 2010) praticam-na com diferentes graus de sofisticação, não só cultivando fungos ou leveduras, mas também fazendo uma espécie de pecuária como lo é o caso das formigas e dos afídeos. Existem vários tipos de agricultura feita por insectos para produzir alimentos. Só no caso das formigas, são reconhecidos pelo menos cinco tipos: a cultura de fungos que conservam a sua capacidade de vida independente, aparentemente a mais primitiva; a cultura de fungos corais (da família Pterulaceae); a cultura de leveduras; a cultura de fungos "domesticados" ou "seleccionados", incapazes de viver independentemente mas capazes de produzir hifas inchadas que as formigas colhem como alimento; e a cultura de colheita de folhas, de aparecimento mais recente, há 8 a 12 milhões de anos. Existe também uma simbiose formiga-afídeo, em que as formigas protegem os afídeos aproveitando a secreção de açúcar que estes produzem, o que pode ser classificado como um tipo de insecticultura. A agricultura não-humana implica necessariamente um certo conhecimento agronómico, aparentemente rudimentar, sendo um sistema altamente organizado e sustentável (Benckiser, 2010). A agricultura moderna feita pelo homem, ao contrário da de outras espécies, é orientada por conhecimentos agronómicos científicos e estima-se que tenha começado há cerca de 10.000 anos (Zeder, 2008, Miller, 2008. Price 2009, Barton 2009).

No entanto, uma vez que a agricultura só é praticada por animais organizados em sociedades, também se pode dizer que tem uma base social y neste sentido, a agronomia partilha um lugar com a economia.

1.3. - O método científico aplicado à agronomia.

Como em qualquer ciência, a agronomia utiliza o chamado método científico para determinar a validade das suas hipóteses. Estas são testadas em experiências especialmente concebidas para o efeito, que devem incluir os tratamentos necessários, os controlos (tratamentos aplicados aleatoriamente, um mínimo de três réplicas e controlos), as medições e a análise estatística para evitar erros ou resultados verdadeiros devidos apenas ao acaso. Esta última análise aplica a hipótese nula de que qualquer hipótese é verdadeira até que alguma evidência estatística (derivada de experiências ou de outra forma) mostre o contrário. Embora a verdade de uma hipótese não possa ser estabelecida com base em experiências, quando a hipótese nula é verdadeira, a hipótese é provisoriamente aceite y é aceite até se demonstrar que é falsa. Mas se a hipótese nula for falsa, a probabilidade de a hipótese ser verdadeira é negligenciável. O método científico é a forma mais conhecida de obter conhecimentos com uma elevada probabilidade de serem verdadeiros. Em agronomia, é particularmente importante fazer experiências no campo, uma vez que é praticamente impossível simular, até à data, em experiências de laboratório, câmaras de crescimento, fitotrões ou estufas, as condições que ocorrem no campo. Os perfis de vento, luz, temperaturas, CO_2 de uma cultura durante o dia e a noite nestes recintos são muito diferentes dos que se verificam no campo. A experiência de campo é, por assim dizer, o teste final de muitas hipóteses agronómicas, tais como as técnicas, que podemos considerar como hipóteses, propostas para resolver um determinado problema.

Assim, as hipóteses relativas ao efeito sobre as populações vegetais de: nutrição mineral, efeitos da água, genomas, luta contra as doenças, pragas, mobilização do solo, conservação da cultura colhida, etc., podem ser testadas por este método. Além disso, fornece uma medida quantitativa do efeito do fator em estudo. Só através de ensaios de campo é possível dar um veredito agronómico sobre uma hipótese. Os resultados das experiências fora do campo são apenas provisórios e têm a vantagem de serem mais controlados, mais baratos o mais rápidos o e, se forem positivos, são uma boa indicação de que a hipótese testada pode ser verdadeira no campo, mas não o garantem. Se os resultados forem negativos, indicam que a hipótese não é correcta e que não é necessário um ensaio no terreno. Uma limitação dos ensaios no terreno resulta do tempo necessário para efetuar um ensaio, normalmente vários meses, o que reduz o número de hipóteses que um investigador pode testar.

Por outro lado, para compreender melhor o que se passa a nível fisiológico, do solo ou outro, é necessário efetuar estudos laboratoriais mais adequados a esses níveis de complexidade. Isto significa que qualquer organização que estude seriamente os problemas agronómicos deve dispor de instalações adequadas para a investigação, tanto a nível do campo como do laboratório.

Em geral, o ensaio de campo consiste em parcelas de sementeira, com um mínimo de três réplicas estabelecidas aleatoriamente, que são tratadas com um ou alguns dos factores a estudar e outras que não recebem qualquer tratamento, designadas por controlos. Os tratamentos geram alguma variabilidade nas propriedades das plantas em cada parcela, por exemplo, o rendimento. Assume-se que os outros factores não controlados afectam aleatoriamente e têm o efeito de aumentar a variabilidade da medição efectuada y afectam todas as parcelas igualmente. Quando se sabe como um fator não controlado varia espacialmente, as réplicas são distribuídas em blocos. Essencialmente, é necessário determinar se as populações que recebem os diferentes tratamentos são diferentes ou não dos controlos. A análise de variância permite calcular as variabilidades causadas pelos factores controlados, pelos blocos o pelos factores não controlados o pelos factores não controlados o pelo efeito do tratamento, pelo efeito do bloco o e pelo efeito de "erro". Uma forma de saber se o efeito do tratamento é significativo é calcular o rácio entre a variância devida ao tratamento e a variância devida ao erro. Se o seu rácio for superior a um determinado valor, fornecido pelas tabelas F, em função da probabilidade y dos graus de liberdade, conclui-se que as populações que receberam tratamento são diferentes para essa probabilidade e que o efeito do tratamento é significativo. Este teste é válido se as variáveis, medidas nas parcelas, forem normalmente distribuídas. Para saber se é esse o caso, é efectuado um teste de normalidade, ou seja, um histograma da distribuição dos dados. Se o histograma estiver próximo de uma curva do tipo caтpana, é normal. A forma exacta de uma distribuição normal é definida por dois parâmetros: a sua média e o seu desvio padrão.

Provavelmente, os principais problemas que dificultam a interpretação dos resultados destes ensaios são a influência e as interacções com a dinâmica dos factores meteorológicos e biológicos, a variabilidade espacial dos solos e das condições sanitárias e os factores climáticos que variam de ano para ano. O efeito anual torna desejável a repetição da mesma experiência durante pelo menos três anos antes de se poderem tirar conclusões defensáveis.

Idealmente, é possível postular que, se fosse possível medir simultaneamente, numa área, os principais factores que determinam o comportamento de cada planta de uma população, seria possível encontrar uma função que descrevesse as variações de rendimento em função dessas variáveis. A utilização de medições dos factores do solo e das propriedades biofísicas das plantas através da análise de imagens multiespectrais fornece aos investigadores actuais uma forma de efetuar muitas medições de variáveis no espaço e no tempo, com uma resolução espacial que é praticamente impossível de realizar de outras formas. O Elio, eventualmente, poderá ser uma nova alternativa para o avanço do conhecimento agronómico.

Infelizmente, hoje em dia, a investigação agronómica de campo é considerada como tendo menos valor científico e é cada vez mais difícil de financiar. Trata-se de um erro tremendo que, espero, seja corrigido no futuro. Sem investigação no terreno, não há apoio suficiente para a agronomia prática.

Sabemos que os conhecimentos agronómicos modernos resultam da utilização do método científico. Este método é essencialmente uma ferramenta analítica útil, mas uma teoria exige que se pegue nessas informações e se reconstrua todo o sistema em estudo. Isto deve-se talvez ao facto de o cérebro humano funcionar desta forma: a informação que recebe dos sentidos é primeiro analisada e depois reconstruída, Kandel, 2006.

Esta abordagem integradora, por oposição à abordagem analítica, foi encontrada pela primeira vez em modelos estáticos multivariados para estimar quantitativamente o efeito de vários factores fisiológicos e ambientais na fotossíntese, na produção de biomassa e no rendimento de algumas culturas (Saeki, I960, Loomis y Williams, 1963, de Wit, 1965, Duncan et al, 1967, Chartier,1966,1970) e, posteriormente, em modelos dinâmicos de simulação de culturas (de Wit, 1970a,b, Fick, Loomis y Williams, 1975, van Keulen, 1975, Baker, et al. 1979, Novoa e Loomis, 1981b, Novoa 1987, Richtie et al.,1985, Thornley e Johnson,1990, Liu et al, 2007a,2007b, Yang et al. 2009, Steduto et al. 2009 y muitos outros). Foram igualmente desenvolvidos modelos estatísticos que também procuravam identificar e quantificar o efeito dos factores que afectam a produção vegetal. Isto não significa que a abordagem integradora substitua a abordagem analítica, chamada por alguns de reducionista, mas sim que a ciência agronómica, essencialmente integradora, avança tirando partido dos resultados das duas abordagens.

Os agro-ecossistemas são sistemas complexos e, por conseguinte, possuem as características típicas de tais sistemas: o todo é mais do que a soma das partes; têm propriedades emergentes; evoluem; são sistemas dissipativos abertos em que a energia e a matéria fluem; funcionam fora do equilíbrio, o que requer fontes contínuas de energia; as suas inter-relações são regidas por equações não lineares; o seu comportamento é difícil de prever e, por conseguinte, são utilizadas estatísticas para fazer previsões. Por outro lado, os ecossistemas naturais são auto-organizados. Se considerarmos o homem como parte integrante do sistema, os agroecossistemas são também auto-organizados. Uma diferença básica entre os agroecossistemas e os ecossistemas comuns é que nos primeiros é possível identificar a entidade organizadora, enquanto nos segundos não é possível. Nos agroecossistemas, o homem confere-lhes estabilidade, capacidade de aprender de forma organizada e de evoluir mais rapidamente.

Na opinião de Fisher, 2007, não se deve perder de vista o ambiente no terreno, a abordagem ascendente (do nível molecular para cima) é desafiada pela complexidade e é necessário dar maior ênfase às abordagens descendentes que conduzem ao estabelecimento de mecanismos-chave. As propriedades emergentes de Hamada apoiam este ponto de vista. Estas propriedades surgem quando vários elementos são combinados num sistema y não são dedutíveis das propriedades dos elementos constituintes, mas resultam provavelmente das suas interacções mútuas. Um exemplo simples é o da água, ao combinar dois gases, O_2 y H_2, surge uma molécula com as propriedades de um líquido. Outro exemplo simples é o da resposta, positiva ou negativa, que surge quando um fluxo de informação funciona num circuito de retorno (um aumento da fotossíntese produz normalmente o crescimento das folhas e este resulta num aumento da fotossíntese). Assim, o comportamento de uma célula vegetal é diferente do de uma planta e o comportamento de uma população de plantas é diferente do de uma planta no mesmo ambiente. As propriedades emergentes criam constrangimentos crescentes o novas condições à medida que o nível de organização aumenta. Isto torna difícil o incompleto da abordagem de baixo para cima o e, ao mesmo tempo, explica coto a aleatoriedade o graus de liberdade, que governam o mundo subatómico o atómico o mundo atómico é reduzido tornando possível o surgimento de leis que regem o comportamento de níveis superiores. No entanto, isto não implica que todas as propriedades de uma população sejam emergentes, uma vez que é possível explicar em grande medida muitas propriedades ou comportamentos das populações coto resultados de processos moleculares (fotossíntese, respiração o transpiração coto processos de difusão de gases, CO_2 y água, por exemplo) mais o efeito da limitação biológica (resistências: bioquímica, mesofílica, estomática, camada limite da folha y cultura, difusão). Do mesmo modo, as leis físicas e químicas que regem a energia, os átomos e as moléculas não podem ser violadas. Por outro lado, parece claro que o comportamento dos sistemas complexos, cujos nós estão geralmente ligados entre si, é determinado por componentes importantes que impulsionam o sistema. São variáveis, nós-chave da rede que determinam o estado dos outros nós. Trabalhos recentes de investigadores de redes desenvolveram uma técnica para identificar estas variáveis e seguir o comportamento de sistemas complexos, monitorizando apenas estas variáveis ao longo do tempo (Liu et al., 2013). É possível que esta técnica permita a identificação de variáveis agronómicas fundamentais nos ecossistemas agrícolas.

Nesta perspetiva, a agronomia seria a ciência encarregada de identificar, estudar as propriedades emergentes e estabelecer as leis dos agro-ecossistemas, enquanto a genética, a fisiologia, a bioquímica, a química e a físico-química são mais adequadas para os estudos moleculares. Em grande medida, as propriedades emergentes dos agro-ecossistemas, estabelecidas até à data, estão resumidas nos princípios abaixo mencionados.

Os sistemas agrícolas, que integram factores físicos, químicos e biológicos, humanos e socioeconómicos, são de um nível de complexidade mais elevado do que os puramente químicos, físicos e biológicos. Devem funcionar de acordo com as leis e os condicionalismos que se aplicam em cada um destes domínios, bem como com os fluxos de informação (por exemplo, feedbacks) e as dinâmicas específicas do seu nível de complexidade. Este facto não deve ser esquecido quando se estudam estes sistemas. Assim, um químico, sem formação agronómica ou ecológica, que estude a utilização de adubos deve estar consciente de que os seus conhecimentos químicos não são suficientes, uma vez que a influência dos microrganismos do solo e das raízes das plantas, do homem através da mobilização do solo, dos tempos de aplicação dos adubos, da gestão dos resíduos, da irrigação, etc., modificam substancialmente o que acontece com os iões no solo. Por outro lado, no campo, as condições sanitárias do solo, hídricas (precipitação e propriedades hídricas do solo) e atmosféricas (concentrações de CO_2, temperaturas, radiação solar, humidade) são variáveis no espaço (horizontalmente e verticalmente) e no tempo. Isto gera gradientes que não ocorrem igualmente nos laboratórios, mas que devem ser geridos na prática agronómica. Estes testes dão pistas sobre os possíveis mecanismos envolvidos nas respostas observadas, mas não são uma ferramenta que possa substituir as experiências destinadas a estabelecer os processos fisiológicos, bioquímicos ou outros processos mais básicos.

Numerosos estudos demonstraram o elevado retorno económico dos investimentos na investigação agrícola (Evenson et al, 2003a). Uma dificuldade em estimar a relação custo-eficácia de um determinado projeto de investigação reside no facto de ser muito difícil estimar o seu impacto real quando se efectua uma análise ex-ante. É praticamente impossível saber a priori qual o investigador que vai dar uma contribuição de grande impacto, mas o que se sabe é que, se considerarmos o conjunto da investigação, haverá sempre um resultado que é rentável e que pagará todas as tentativas falhadas. O sistema funciona ao contrário do negócio dos seguros, em que muitos pagam as indemnizações de poucos. Na investigação, os poucos bem sucedidos pagam os investimentos dos muitos.

A agricultura moderna baseia-se na aplicação dos princípios e leis a seguir descritos.

Capítulo 2

2.   - PRINCÍPIOS[1] AGRONOMIA

É interessante constatar que, ao rever vários textos de agronomia, é possível notar que eles mencionam princípios agronómicos, mas o habitual é que não especifiquem quais são esses princípios. No entanto, a agronomia moderna baseia-se na aplicação dos três princípios seguintes (Novoa 1986, 2004):

2.1.   - Utilização de organismos, seleccionados o melhorados, eficientes. A agricultura recorre a populações de organismos vivos para produzir os bens desejados. De certa forma, estes representam as máquinas utilizadas para transformar a energia solar e os elementos químicos inorgânicos do seu ambiente em bens de interesse humano. Em grande medida, a eficiência produtiva e a qualidade do produto são determinadas pelo organismo utilizado na produção. Assim, as variedades ou raças (fator genético) e/ou as modificações do organismo utilizadas para melhorar a sua eficiência (técnicas cirúrgicas, poda, enxertia, utilização de hormonas e outras) são as opções disponíveis para obter rendimentos elevados e uma qualidade óptima. Uma das principais ferramentas utilizadas para melhorar a eficiência produtiva dos organismos utilizados na agricultura tem sido a genética. Normalmente, são necessários entre 7 e 20 anos de investigação para colocar um organismo melhorado à disposição dos agricultores, utilizando técnicas tradicionais, o quo implica manter estes programas activos durante muitos anos antes de começarem a ter impacto na produção. O aumento da produtividade anual das culturas devido ao melhoramento foi estimado em 0,83% durante as décadas de 1980 e 1990, mas o impacto não foi igual em todos os países e regiões. No caso do trigo, estas melhorias foram obtidas graças ao aumento da resistência às poeiras e ao aumento do índice de colheita resultante da introdução de genes de nanismo (Austin et al, 1980). Ao mesmo tempo, os consumidores beneficiaram de preços mais baixos e os agricultores só beneficiaram quando as reduções de custos foram superiores às reduções de preços (Evenson, 2003a, b).

Os factores genéticos e epigenéticos conferem uma eficiência intrínseca ao organismo utilizado para produzir.

O genoma, ADN, de um organismo define os genes que caracterizam esse organismo. São eles que estabelecem a sequência de aminoácidos que uma proteína pode ter. As proteínas podem ser consideradas como nanomáquinas que formam uma rede complexa que dá origem às funções do organismo, encarregando-se de efetuar o trabalho nas células. Assim, encontramo-las a cumprir as funções de catalisadores no caso das enzimas, estruturais, de transporte de massa (canais iónicos o O transportadores$_2$, coto hemoglobina) o informação (hormonas). Além disso, podem atuar isoladamente, formando complexos em que duas ou mais proteínas se juntam para desempenhar uma função.

No entanto, um gene pode dar origem a mais do que uma proteína, e um dos processos pelos quais este fenómeno ocorre é a modificação da informação genética chamada splicing. No caso do ARN, pode tratar-se de uma modificação pós-transcricional e, no caso do ADN, da união covalente de dois fragmentos de ADN. A informação para produzir uma proteína está organizada em blocos de ADN chamados exões, separados por outras sequências de ADN chamadas intrões, cuja função não é conhecida. O processo de modificação, que remove os intrões, pode seguir diferentes vias e,

---

[1] A Real Academia Espanhola define princípio coto "cada uma das primeiras proposições ou verdades fundamentais a partir das quais se começa a estudar as ciências ou as artes" e lei coto "cada uma das relações existentes entre os diversos elementos que intervêm num fenómeno" _.

assim, gerar diferentes proteínas. Por exemplo, a remoção de um ou dois aminoácidos da sequência. Além disso, a diversidade das proteínas pode resultar de alterações pós-síntese da sequência de aminoácidos, tais como o acréscimo de grupos fosfato o sulfatos o acréscimo de hidratos de carbono.

Por outro lado, no genoma humano, foi demonstrado que os genes se encontram geralmente em secções separadas, localizadas em locais diferentes da molécula de ADN, o que requer uma montagem para a tradução. O mesmo gene pode ser montado de diferentes maneiras, um processo chamado "splicing alternativo", dando origem a moléculas de RNA mensageiro e a proteínas com funções diferentes. Este mecanismo aumenta a capacidade do genoma e confere-lhe uma grande flexibilidade, Ledford, 2008. Sabe-se também que apenas 1,5% do ADN humano codifica proteínas, enquanto os restantes 98,5% contêm sequências reguladoras que activam ou silenciam genes, genes que codificam ARN mas não produzem proteínas e outro ADN cuja finalidade ainda está a ser compreendida (Pollard, 2009).

Além disso, a expressão de um gene pode também ser modificada pela ação de um ou mais genes, um fenómeno conhecido como epistasia.

A importância fundamental dos factores genéticos é cada vez mais bem compreendida graças aos progressos da ciência da genética molecular. A genética molecular dotou os geneticistas envolvidos na criação de espécies de interesse de ferramentas poderosas que permitem a inserção de genes de qualquer espécie no genoma da espécie a criar. Isto permite, em teoria e com maior certeza do que com as técnicas tradicionais, obter variedades ou raças melhoradas com elevado potencial de rendimento, boa qualidade, boa resistência a doenças, pragas ou stress ambiental.

O ponto de vista geral é que a genética define o potencial produtivo que é modulado por factores ecológicos e de gestão. Por outras palavras, o rendimento máximo é definido pela genética, se não existirem restrições ecológicas ou de gestão. A genética define a espécie: o seu sistema de fotossíntese (C3, C4 o CAM); o órgão de interesse agronómico, que é geralmente o órgão onde a planta armazena as suas reservas; o seu fruto (por exemplo, se é o fruto, pode ser uma baga, pode ser uma baga): se for o fruto pode ser baga, drupa, noz, aquénio, cariopse, leguminosa, ou outro), , a forma da planta, o tipo de folha (larga o fina, com o sem tricomas), as suas exigências fotoperiódicas, as suas temperaturas cardinais (mínima o base, óptima y máxima), a temperatura base para o crescimento, as exigências térmicas de cada fase do ciclo de vida, a forma e a localização dos estomas, a resistência às doenças e aos ataques de pragas, o tipo de raízes (pivotantes, fibrosas, adventícias), as raízes com capacidade de formar associações simbióticas com rizóbios, as raízes com aerênquima que suportam solos encharcados, a tolerância à salinidade. O tamanho, a cor, a composição química dos órgãos em cada fase fenológica de crescimento, o índice de colheita, a área foliar, o ângulo foliar, o ciclo de vida e o comprimento, bem como outras características determinantes do rendimento, estão sob controlo genético e ambiental. A possibilidade de aumentar o rendimento por este meio ainda é clara (Mangelsdorf, 1966), uma vez que, em geral, existe variabilidade genética para muitos dos genes envolvidos no rendimento e, com o avanço da genética molecular, o número de genes que podem ser explorados para este fim é grande.

No caso da herança epigenética, a informação é transmitida sem modificação do ADN. Os factores epigenéticos são mecanismos não genéticos que modificam reversivelmente um gene, ou as proteínas a que dá origem, através da ativação ou inativação de genes em resultado da interação com o ambiente. Esta modificação pode ser efectuada através do silenciamento de genes o por metilação do ADN, o por fosforilação o por acetilação de histonas, por exemplo. Eles fornecem um mecanismo pelo qual o genoma responde às mudanças ambientais. Assim, algumas espécies de agrião não florescem no inverno devido a uma ação da baixa temperatura sobre a cromatina que silencia os genes de floração. Estes genes são reactivados com temperaturas mais elevadas na primavera. Os processos epigenéticos modulam a ação do ADN sem o modificar. A informação epigenética pode ser visualizada como um código gravado fora do gene que liga ou desliga um gene. Nos cereais, a resposta à vernalização é mediada pela indução do promotor Vernalization 1 que inicia o desenvolvimento reprodutivo do caule apical y está associada a metilações de histonas no gene Vernalization (Oliver et al, 2009).

Como a genética estabelece o potencial produtivo de um organismo, é muito importante saber qual é esse potencial. Uma forma de ter uma ideia disso é conhecer o potencial de rendimento de uma cultura. Este é definido como o rendimento de uma cultivar quando cultivada num ambiente paralelo, adaptado com água e nutrientes não limitados, com pragas, doenças, ervas daninhas, stresses e outras tensões efetivamente controladas (Evans, 1993, Evans e Fischer 1999). Uma outra definição, mais funcional, é o rendimento obtido quando uma cultivar adaptada é cultivada com as tensões mais baixas possíveis que podem ser alcançadas com as melhores práticas de gestão, Cassman, 1999. Trata-se de um dado fundamental cuja importância foi reconhecida por Mitsherlich, 1909, De Wit, 1965, Doorembos y Kassam, 1979, Hanson et al, 1982. Não só porque determina o rendimento máximo possível, mas também porque nos permite visualizar o potencial de rendimento económico e, assim, inferir até que ponto é económico investir em tecnologias para aumentar o rendimento. Assim, se o rendimento máximo for de 12 toneladas de grão, permite maiores despesas em tecnologia do que se for apenas de 6 ou 8 toneladas. Existem dados dispersos sobre os rendimentos máximos obtidos para diferentes culturas em diferentes países por agricultores e investigadores. O quadro 1 mostra os rendimentos máximos medidos y as médias mundiais produzidas e pode ver-se que há uma grande margem para melhorar as médias. É preciso ter em conta que os valores máximos obtidos são válidos para os genótipos, as condições ecológicas e o maneio em que foram medidos e não se pode acreditar que sejam reproduzíveis noutros locais. No entanto, dão uma ideia do grande potencial genético de cada genótipo estudado.

Foram feitas tentativas para medir experimentalmente o valor do potencial de rendimento no campo, mas dado o efeito de factores climáticos, edáficos, sanitários e outros, é praticamente impossível alcançar condições ideais de restrição zero que permitam a expressão de todo o potencial genético de uma variedade. Assim, no caso do trigo, há relatos de rendimentos de campo de 15,6 ton/ha na Nova Zelândia (cultivar Einstei, FAR 2010), 18 no Chile Hewstone, 1997, y 47,6 em câmara de crescimento com a cultivar de primavera Yecora Rojo (Salisbury, 1991). Este último rendimento foi alcançado com 2000 plantas m^{-2}, concentrações de CO_2 3,6 vezes superiores às normais, radiação 2,5 vezes superior à que as plantas do campo poderiam ter recebido, sem limitações de água, nutrição óptima, sem doenças ou pragas y com um regime térmico ótimo. O índice de colheita foi de 0,49. Este autor verificou que a eficiência do uso da radiação fotossinteticamente ativa diminui à medida que a intensidade da radiação aumenta, que no período de crescimento máximo foi de quase 13%, e que para o ciclo completo, a eficiência obtida foi de apenas 10%, uma medida que corrobora as estimativas teóricas desta eficiência (Loomis e Williams, 1963, Taiz e Zeiger, 1998). Os rendimentos máximos obtidos são muito superiores aos rendimentos recorde obtidos no campo no quadro 1. Salisbury atribui os rendimentos mais baixos medidos nos ensaios de campo a possíveis stresses, menor radiação e menor densidade de plantas por unidade de área.

A utilização de câmaras de crescimento sem stress parece ser capaz de aproximar o potencial de rendimento geneticamente possível, como demonstrará Salisbury. Outra alternativa promissora para estabelecer o potencial de rendimento é a utilização de modelos de simulação dinâmica, mas, até à data, estes não permitem o cálculo para todas as variedades existentes e não são fáceis de utilizar. Tal deve-se à complexidade dos modelos, aos numerosos parâmetros necessários, que não são conhecidos para todas as variedades, e a outras limitações.

Tabela 1. Rendimentos máximos de produtos comerciais medidos y médias mundiais*, ton ha-[1] .

Quadro 1 - Rendimento máximo medido e médio mundial de produtos agrícolas, ton ha'.[1]

Cultivo	Desempenho médio global".	Variedade o raça	Desempenho máximo	% de água	Região y País	Referendos Rendimento máximo
Arroz	4.2	II-32A/Ming86	17,95		CHINA	Longping, 2004 Bayer Cropscience, 31 de agosto de 2005
Trigo	3.0 2	Savana	15.36		Nova Zelândia	http://www.fwi co.uk/community/blogs/arableb arometer/archive/2007/11/01 /world-record-wheat-yield-exposes-growing-constraints.aspx 2007
Trigo	3.0 2	Yecora Vermelho	47, &		Utah, EUA	Salisbury, 1991
Milho	5.1		23,2		EUA	Duvick e Cassman, 1999
Sorgo	1.4 2					
Cevada	2.7 7		11.4			Evans, 1993
Soja	2.2 5	Pioneer 94M80	10.36		EUA	http://www.pioneer.com/web/site/portal/men ui tem.b5db62e333774bbc81127b05d10093a0 / 2007
Cana-de-açúcar	70.9 1	Co62175	11 0'	70	Chittoor, ÍNDIA	http://www.atmachittoor.com/SS-Cana-de-açúcar.htm
Beterraba sacarina	53.0 8		157.2	75	Califórnia, EUA	Rush et al. 2006
Batatas	17.9 8		44.39		Nebraska, Estados Unidos	Pavlista, 2002
Casava	12.6 4		40.9			**Nair e Unnikrishnan**
Mani	.49	ICGV 87123	5.76		Timor-Leste	Nigam et al. 2003
Tomates	27.2 9		580 "3	94	MEXICO	Cook, 2006.
Banana	19. 7			75.5		http://www.research4development.info/Sear c hResearchDatabase.asp?ProjectID=2464
Côco	5.4				Malásia	http://diversiflora.blogspot.com/2006/01/des cr iption-matag-hybrid.html
Alfafa			54'		EUA	USDA, 2000
Aveia		S-81	69.4	10	Faisalabad, Paquistão	Naeem et al 2006
Leite		Jersey	22330		EUA	http://jersevjoumal.usjersev.com/Article %20Arquivo/Produção/2007/Jubileu %20 Artigo.pdf
Ovos			361ª		Países Baixos	http://www.timecom/time/magazme/article/0, 9171,848100.00.html
Veio bovino	205 7		4300ª			

1,- Rendimento no campo 2,- Câmara de crescimento 3,- Estufa *4*,- Kg por ano por vaca 5,- Ovos por galinha 6.con irrigação 7,- kg de carne por animal 8,- kg ha'[1] produção máxima estimada de alfafa por ha, perda 20 % pisoteio y necessidade 10 kg de alfafa por kg de carne
* De acordo com a FAO 2007-2009

Se os rendimentos forem corrigidos em função do teor de humidade, as plantas C3 produzem no máximo entre 9 (batata) e 39 (beterraba sacarina) toneladas de matéria seca por ha, as plantas C4 entre 20 (milho) e 33 (beterraba sacarina) e as leguminosas entre 10 (soja) e 25 (luzerna). Por outro lado, para determinar a capacidade total de produção de biomassa de cada espécie, é necessário conhecer os índices de colheita y se se quiser exprimir a capacidade de produção em termos de glicose fotossintetizada por unidade de superfície e por estação de cultura, é necessário corrigir a composição química desta biomassa (Sinclair y de Wit, 1975). Os elevados rendimentos máximos medidos sugerem que o potencial genético disponível é muito mais elevado do que geralmente se pensa e que é necessária uma melhor agronomia para o explorar corretamente.

Tom Sinclair, em 1994, afirmou que toda a informação conhecida até então indicava que o limite dos rendimentos possíveis sob uma boa gestão tinha sido atingido. É lógico que, a dada altura, isso acontecerá inevitavelmente. Cassman, sobre o arroz, 1999; Rajaram y Braun, 2006, sobre o trigo no vale de Yaqui, México; Carberry et al. 2010, sobre o milho de sequeiro na Austrália, fornecem provas deste fenómeno. No entanto, os dados da FAO sobre as médias mundiais de trigo, arroz, soja, cevada, milho e sorgo entre 1960 e 2007 mostram que os rendimentos aumentam com uma inclinação que não mostra indícios de saturação, exceto no caso do sorgo. Também não há indícios de saturação, de acordo com estudos efectuados sobre o rendimento do trigo no Dakota do Norte, EUA, (Underdhal et al., 2008). Outras análises mais recentes mostram que a situação depende do país. Em geral, regista-se uma diminuição do aumento do rendimento anual do trigo, do milho, do arroz e da soja. Nos países industrializados, os aumentos anuais de rendimento do trigo nos últimos anos chegaram a zero, enquanto no caso do milho a diminuição dos aumentos de rendimento foi menor. Por outro lado, se se mantiver o crescimento linear dos rendimentos anuais observado nos últimos 50 anos, de 43 kg ha^{-1} , não será possível satisfazer a futura procura de cereais para alimentação humana, animal e biocombustíveis (Fisher et al. 2009). Por outro lado, há informações claras de que a produção agrícola continua a crescer e de que a produtividade total dos factores (PTF) aumentou (Fuglie, 2008, 2009).

Embora a relação entre as taxas fotossintéticas e a produtividade das culturas não seja clara (Evans, 1975), uma vez que seria mais limitada pela capacidade de armazenamento (grão) do que por qualquer outra causa (Borras, Slafer e Otegui, 2004), parece possível melhorar a eficiência fotossintética. As análises da eficiência da utilização da radiação no trigo e no milho indicam que é possível aumentar o potencial de rendimento de muitas culturas, Loomis e Amthor, 1999. Dado que a atual eficiência do sistema fotossintetizante na interceção da radiação solar está próxima do limite teórico e que a taxa de colheita dos cereais é da ordem dos 60 %, próxima do limite máximo possível (Hay 1995, Austin et al. 1980), foi sugerido que a melhoria da eficiência da conversão da energia luminosa retida em biomassa seria a via mais adequada para melhorar os rendimentos no futuro. Estima-se que o potencial de rendimento poderia ser aumentado em 50 % coto como resultado do efeito combinado das melhorias resumidas no quadro 2 (Long et al, 2006).

Tabela 2. Resumo dos possíveis aumentos na eficiência de conversão da radiação solar (εc) que podem ser alcançados e o horizonte de tempo especulado para o fornecimento de material que pode ser introduzido em programas de melhoramento de plantas. Resumo dos possíveis aumentos na eficiência de conversão da radiação solar (εc) que podem ser alcançados e o horizonte temporal especulado para o fornecimento de material que pode ser introduzido em programas de melhoramento de plantas.

Alterar	% de aumento em £c em relação aos valores actuais[II]	Horizontes a partir de tempos estimados (anos)
Rubisco com menor atividade de oxigenase y sem menor atividade catalítica	30% (5-60%)	???
Introdução da fotossíntese C4 nas culturas C3	18% (2-35%)	10-20
Melhor arquitetura de cobertura	10%(0-40%)	0-10
Mayortasade recuperação por proteção fotográficadela fotossíntese	15% (6-40%)	5-10
A introdução da Rubisco forma^2 com taxas crescentes de CO_2	22% (17-30%)	5-15
Aumento da capacidade regenerativa da RuBP através da sobreexpressão da SbPase^3	10% (0-20%)	0-5

[II]O valor sob o título "% de aumento" é a média sugerida, seguida da gama de alterações possíveis calculada através da substituição das propriedades alteradas sugeridas no modelo de simulação de Humphries e Long (1995).

[2]Rubisco: ribulose 15-bifosfato carboxilase/oxigenase; RuBP, ribulose bifosfato.
[3]Sbpase: sedoheptulose-1:7-bisfosfatase

O potencial de formação de biomassa poderia ser duplicado se o melhoramento sugerido por Long et al, 2006, se concretizasse. Por outro lado, estudos de rendimento de híbridos de super arroz indicam que a sua vantagem estaria na taxa de crescimento nas fases média e tardia após a floração, devido ao efeito de um índice de área foliar mais elevado e de uma maior duração da área foliar Wen-ge et al, 2008.

Há projecções de possíveis aumentos de 50% para a maioria das culturas até 2050 (Jaggard et al. 2010).

Uma projeção dos rendimentos do milho para 2030 aponta para um rendimento possível de 18,8 t ha^{-1} (Calabotta 2009). A Monsanto prevê que o rendimento do milho duplique até 2030 devido a 25% de melhorias agronómicas, 35% de melhoramento tradicional, 25% de transgénese e 15% de seleção com marcadores (Edmeades et al, 2010).

O caso do enorme potencial genético do trigo demonstrado por Salisbury mostra que, atualmente, não estamos limitados pelo potencial genético e que, se melhorarmos a agronomia e a gestão, a capacidade alimentar da agricultura pode ser aumentada de forma muito significativa. Assim, há fortes indícios de que o potencial produtivo de uma cultura pode ser aumentado. Além disso, parece possível aproximar-se do potencial de rendimento de uma população de plantas se conseguirmos proporcionar as condições óptimas para cada planta dessa população. Uma abordagem possível para resolver parcialmente este problema, no terreno, é a agricultura de precisão específica do local, que procura gerir a variabilidade espacial das condições do solo, sanitárias, nutricionais e hídricas.

O efeito do melhoramento, no caso do trigo, não se deveu a alterações do potencial produtivo da fotossíntese, mas a efeitos sobre o índice de colheita, através da introdução dos genes Rht1 e Rht2, que reduzem a altura das plantas fornecidas pela variedade japonesa Norin 10, resistência a doenças, poeiras ou outras, resistência ao acamamento (Austin et al, 1980, Hanson, Borlaug y Anderson, 1982); no caso do milho, maior tolerância a densidades de plantação elevadas, devido a folhas mais erectas que reduzem a sombra entre plantas; maior capacidade de manter a cor verde (Evans y Fisher, 1999, Loomis y Amthor, 1999).

O índice de colheita (0,4 a 0,6 no caso dos cereais), considerado como tendo uma elevada hereditariedade e sensibilidade aos factores ambientais (Hay 1995), é no entanto afetado por factores ecológicos como a disponibilidade de N (van Ginkel et al, 2001) ou as temperaturas. Assim, os agricultores chilenos falam da "ida en vicio" que o N o altas temperaturas pode produzir, referindo-se ao aumento da produção de folhas e caules em detrimento da produção de grãos em cereais e árvores de fruto. No entanto, este efeito nem sempre se verifica, o que implica o efeito de outro fator desconhecido. O índice de colheita também pode ser afetado pelo défice hídrico terminal ou por ataques de pragas e doenças durante o período de formação da cultura a ser colhida.

2.2.- Proporcionar condições ecológicas adequadas. O potencial genético dos organismos escolhidos só pode exprimir-se se as condições ecológicas que permitem a sua gestão forem adequadas. As condições climáticas, atmosféricas, edáficas, hídricas, sanitárias (pragas, doenças, ervas daninhas) e nutricionais que constituem o meio ecológico (oikos, palavra de onde deriva ecologia, significa casa em grego) afectam os processos produtivos e o desenvolvimento da população de organismos utilizada. Uma grande parte da agronomia consiste em proporcionar as melhores condições ecológicas possíveis para as espécies vegetais ou animais utilizadas.

2.2.1. - Clima e condições meteorológicas.

As condições climáticas representam a evolução da média das condições micro-meteorológicas (definidas como as características físicas o que ocorrem nos primeiros 10 metros da atmosfera) que são de esperar num determinado local durante um período de tempo.

2.2.1.1. - Condições de energia electromagnética. O microclima fornece os regimes de energia electromagnética de onda curta: ultra violeta abaixo de 400 nm, visível o fotossinteticamente ativo (PAR) entre 400-700 nm e infravermelho, acima de 700 nm, que será recebido pela população de plantas cultivadas. A PAR é absorvida por um complexo de pigmentos, incluindo carotenóides, clorofila a y b, que criam uma "antena" nos tecidos fotossintetizantes, principalmente nas folhas, para gerar um poder redutor que é utilizado para decompor a água, reduzir o CO_2 y para formar glucose. A partir da glucose, formam-se aminoácidos, lípidos e outros componentes da biomassa vegetal. A soma das PAR a que uma cultura está exposta durante o seu ciclo de vida estabelece um limite máximo para a produção de biomassa vegetal, que é reduzida por factores vegetais, atmosféricos, hidráulicos, sanitários e outros.

As radiações azuis e vermelhas captadas pelos fotorreceptores, constituídos por uma apoproteína e um cromóforo, produzem fenómenos denominados fotomorfogénicos. Por outro lado, a radiação azul (400-500 nm) captada pelos fotorreceptores produz o fototropismo: fototropismo, que estimula a curvatura em direção à luz, produzindo uma distribuição desigual da auxina nos órgãos em crescimento, que é maior no lado sombreado; inibição do crescimento do caule; regulação da expressão dos genes que controlam a síntese da clorofila e dos flavonóides; estimula a abertura dos estomas através da regulação das relações osmóticas das células guarda, activando uma bomba de protões nestas células (esta resposta segue a lei da reciprocidade, ou seja, responde à dose de luz e não ao fluxo ou ao tempo de exposição), sendo o carotenoide Zeaxantina o fotorreceptor envolvido. A radiação vermelha (666 nm) e a radiação vermelha distante (730 nm) são detectadas pelo fitocromo, que muda a sua forma de Pr para Pfr. A forma Pfr que absorve a luz vermelha distante é a forma ativa que produz as seguintes respostas a transformação de plântulas de aveia de etioladas em verdes sob o efeito da luz; controla a resposta fotoperiódica de várias plantas; favorece a germinação em alface; controla a transcrição da família LHCB de genes que codificam as proteínas de ligação à clorofila do fotossistema II envolvidas no desenvolvimento da cor verde; reprime a transcrição da família LHCB de genes que codificam as proteínas de ligação à clorofila do fotossistema II envolvidas no desenvolvimento da cor verde; reprime igualmente a transcrição de vários genes, incluindo o PHYA que codifica a apoproteína do fitocromo A; altera as propriedades membranares e a floração, Taiz e Zigers, 1998. No caso da floração, é feita uma distinção entre plantas de dia longo (cevada, aveia, trigo, trevo, lilium spp., Beta vulgaris, espinafres, couves, rabanetes), de dia curto (arroz, alguns morangos, alguns tomates) ou de dia neutro (milho, Phaseolum spp., batatas, tomates), consoante o período de escuridão (que acumula Pfr) tenha ou não uma duração crítica. Alguns animais coтo ovelhas, bovinos de carne (Yeates, 1955,1957, Glover, 2000) o leite (aumento da produção de leite em dias longos) o galinhas (aumento da produção de ovos em dias longos), também são afectados pelo fotoperíodo (Dahl et al, 2000).

Por outro lado, o balanço noturno da radiação infravermelha entre a atmosfera e a atmosfera determina a temperatura do ar. A banda de 8000 a 11000 nm desempenha um papel determinante neste equilíbrio, produzindo a chamada "janela atmosférica" porque a atmosfera é transparente à radiação desta banda. A energia libertada pela radiação nesta banda é perdida pela Terra. Como a entrada de energia da atmosfera para o solo é poca, o balanço radiativo durante a noite é normalmente negativo, o ar e o solo arrefecem. Quando este balanço é muito negativo, o arrefecimento é grande e as temperaturas abaixo de 0 °C o congelamento. Esta condição pode afetar negativamente as culturas, especialmente em fases muito sensíveis como a floração.

2.2.1.2.   - Condições térmicas.

As condições térmicas da atmosfera e do solo são determinantes para o crescimento e o desenvolvimento das plantas e dos animais.

Em geral, as reacções metabólicas aumentam de taxa com o aumento da temperatura porque a temperatura aumenta a energia cinética das moléculas, o que leva a um aumento das colisões entre elas. Em bioquímica, foi definido o chamado Q_{10} , um fator que dá o aumento da taxa de reacções para um aumento de 10 °C, este aumento é de 2 a 3 vezes dependendo da reação considerada (Nobel, 1974). É geralmente da ordem de 2,2 para o caso de vegetados y temperaturas entre 10 y 30° .

A temperatura tem uma grande influência na germinação, no crescimento e no metabolismo das plantas. Se for demasiado baixa, não há germinação nem crescimento. Acima deste mínimo há um efeito positivo no crescimento e no metabolismo e acima de um máximo há efeitos negativos.

A temperatura afecta o crescimento de todos os organismos vivos. Temperaturas inferiores a - 0,5 °C produzem danos típicos de dias gelados em tecidos sensíveis como flores, devido à formação de cristais de gelo que quebram as paredes celulares à medida que crescem. Normalmente, cada organismo funciona (cresce e desenvolve-se) de acordo com uma temperatura base (Tb), uma óptima (To) e uma máxima (Tm). No caso das culturas

Na maioria das plantas, abaixo de 0° C, praticamente não há germinação ou crescimento. No entanto, dependendo do tipo de planta, o crescimento inicia-se quando a temperatura sobe acima do valor crítico para cada espécie. Os valores mais baixos, em torno de 5 °C, são plantas que crescem preferencialmente no inverno e os outros (8 a 15 °C) no verão e acima de 18 ° C plantas tropicais. A temperatura máxima tolerada é entre 35 y 45 °C dependendo da espécie. As temperaturas também afectam a taxa de desenvolvimento seguindo uma relação mostrada na Figura 1 para o milho (Craufurd e Wheeler, 2009).

Figura 1,- Relação entre a taxa de desenvolvimento y a temperatura
Figura 1,- Relação entre a taxa de desenvolvimento e a temperatura

Temperatura média (°C)

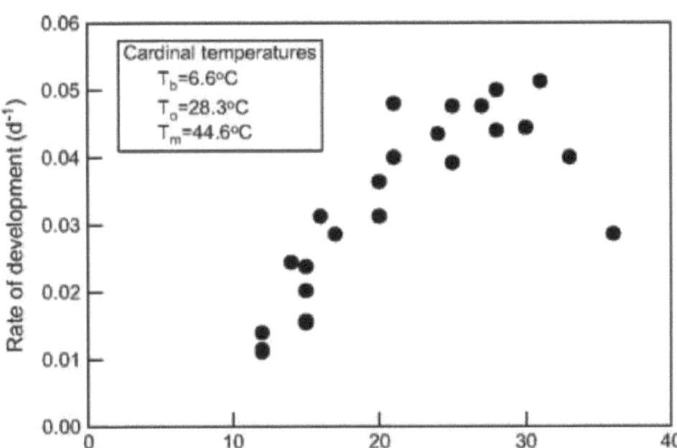

O ciclo de vida de uma planta é encurtado pelo aumento das temperaturas porque o aumento das temperaturas aumenta a taxa de crescimento das plantas. Isto reduz a duração da estação de crescimento e a radiação absorvida, com a consequente redução da fotossíntese líquida total. Assim, em climas com noites quentes, a respiração durante a noite é muito maior do que em climas com noites frias e a fotossíntese líquida é menor. Isto explica porque é que no Chile e noutros países com dias quentes e noites frias se obtêm rendimentos mais elevados do que em países com dias e noites quentes.

O conceito de somas diárias de temperatura (TS) que uma planta precisa de acumular para completar um período fenológico tem sido amplamente utilizado e discutido. Esta soma é calculada de acordo com a fórmula 1, subtraindo da temperatura média medida num galpão meteorológico a temperatura base específica para cada estádio fenológico de desenvolvimento. Em 18

Em princípio, este montante seria específico para cada estado de cada espécie e variedade vegetal.

ST = Z(Tmeans-Tb) (1)

Se esta soma for conhecida para cada fase, é possível definir os dias durante os quais 50 % da população de plantas, num determinado clima, levará para completar a fase correspondente. Assim, podem ser estimados os dias sementeira-emergência, emergência-perfilamento, perfilhamento-floração, floração-maturidade ou outros. Obviamente, os valores calculados são aproximados, pois existem outros factores que podem afetar o desenvolvimento da cultura, como o fotoperíodo, o estado nutricional, o estado hídrico e o saneamento. A sua utilização é criticada por se basear no valor médio da temperatura, que pode ser o mesmo em condições muito diferentes. Uma temperatura máxima de 3O e uma mínima de 0 dá uma temperatura média de 15, tal como uma máxima de 18 e uma mínima de 12, sendo os dois regimes muito diferentes.

Além disso, há plantas que são estimuladas a florescer por temperaturas inferiores a 7°C, um processo chamado vernalização. No caso do trigo de inverno, são necessárias cerca de 800 horas abaixo de 7 para uma boa floração.

No caso das espécies frutícolas, como as ameixas, algumas variedades de pêssegos e ginjas, as cerejas, as azeitonas, as maçãs e as pêras necessitam de exposição a períodos frios para florescerem e, por conseguinte, a sua produção diminui se não a tiverem.

O Quadro 3 resume as necessidades de arrefecimento de algumas árvores de fruto.

Quadro 3: Necessidade de horas de arrefecimento das árvores de fruto de folha caduca (n° horas <7°C)

Quadro 2: Necessidades em horas de frio das árvores de fruto decíduas (horas < 7°c)

Espécies	Mínimo	Maximp
Amendoeira	100	500
Mirtilo	700	1200
Avelã	800	1600
Ameixeira	700	1600
Ameixa japonesa	100-600	1000
Damasco	200-500	900
Pessegueiro	100-400	1100
Guindo	600	1400
Cereja	500-800	1500
Kiwi	800	1400
Manzano	200-800	1700
Membrilho	100	500
Nogael	400	1500
Pecano	600	1500
Peral	500	1500
Videira	100-500	1400

Fonte: Flores, 2007

2.2.2 <u>Condições atmosféricas.</u> A atmosfera fornece principalmente CO_2 , vapor de água, N, ambiente térmico e eólico.

Todo o carbono que forma a biomassa vegetal provém do CO atmosférico$_2$ cuja concentração no ar influencia a fotossíntese e tem um efeito de "estufa" ao reduzir as perdas de energia por radiação de onda longa (cerca de 10 000 nm) da terra. A atividade humana gerou um aumento deste gás na atmosfera, o que leva a um aumento da fotossíntese, aumentando o gradiente deste gás entre a cavidade subestomatal e a atmosfera.

A precipitação é a principal fonte de água para os solos agrícolas, enquanto o teor de vapor de água da atmosfera afecta a evapotranspiração: quanto maior for o teor de vapor de água, menor será a evapotranspiração. Uma humidade mais elevada também favorece o ataque de fungos. Assim, o efeito positivo do orvalho, água atmosférica condensada nas folhas, sobre os rendimentos é um pouco reduzido por uma maior incidência de fungos (Novoa e Letelier, 1987).

Na maioria dos solos, uma grande parte do N provém da fixação simbiótica e não simbiótica do N atmosférico. Outra parte do N aplicado provém dos fertilizantes e outra parte da decomposição da matéria orgânica.

Quanto às condições de vento, o vento é um fator que influencia a difusão e a mistura dos gases atmosféricos, a temperatura do ar e das superfícies sobre as quais flui, transfere o impulso para a vegetação e para o solo (Thom, 1975). Afecta o transporte de CO_2 y vapor de água y portanto a evapotranspiração.

O movimento do ar substitui o CO2 extraído pelas plantas, transporta o vapor de água evapotranspirado e atenua os extremos térmicos. Por outro lado, as velocidades muito elevadas podem provocar o estiramento das culturas, dos cereais e a quebra dos ramos das árvores de fruto. A velocidades mais baixas, entre 0 e 7 km hr^{-1} , a velocidade do vento afecta a maior parte da camada limite (sector onde o fluxo é laminar, sem turbulência, onde o movimento dos gases é apenas por simples difusão devido ao movimento molecular) das folhas. Acima dessa velocidade produz-se turbulência e aumenta-se o fluxo de gases porque estes se movem numa espécie de "bolhas ou vórtices" que se formam e nos quais os gases se deslocam muito mais rapidamente do que por simples difusão. Por sua vez, o movimento das folhas facilita a formação do transporte turbulento. Também transporta nuvens, areia, esporos de fungos e sementes.

2.2.3 <u>Condições do solo.</u>

As propriedades de um solo: declive, pedregosidade, profundidade (camadas impermeáveis, lençol freático, rocha), granulometria ou textura, porosidade, pH, salinidade, drenagem, fertilidade, teor de matéria orgânica, presença de sementes de infestantes, inóculo de fungos, nemátodos e outros afectam o crescimento e o desenvolvimento das plantas.

O solo fornece basicamente:

2.2.3.1 Sustentabilidade para as plantas e os animais.

2.2.3.2 Reservas de: energia térmica, água, nutrientes (N, P, K^+ , Ca^{++} , S, Fe^{++} , Mg^{++} , Mn^{++} , B, Cu^{++} , Zn^{++} , Mo, Cl– ,Ni^{++} y o Si necessário nos cereais como trigo o aveia y o Na^+ na beterraba y plantas C4) y germoplasmas tanto vegetativos (sementes) como animados (ovos). Normalmente, os nutrientes principais (N, P e K) do solo são deficientes, sendo menos frequentes as deficiências de nutrientes secundários (Ca, S e Mg) e mais raras as deficiências dos outros elementos (B, Mn, Zn, Cu, Mo, Cl, Ni e Si), que são chamados menores. É por isso que a fertilização com N é sempre necessária, seguida da fertilização com P e depois com K.

2.2.3.3 Um habitat para uma grande variedade de organismos: bactérias, fungos, algas, raízes de plantas e uma grande variedade de micro e mesofauna. Estes organismos fazem do solo mais do que um simples conjunto de materiais inorgânicos sujeitos apenas a leis químicas e físicas, uma vez que a estas se juntam propriedades bioquímicas e biológicas que modificam o seu comportamento. Esta realidade nem sempre é compreendida, mas é muito evidente no caso do azoto, cuja disponibilidade para as plantas varia ao longo do ano em consequência da atividade biológica do solo. Um processo de enorme impacto nos ecossistemas e na agricultura é o da fixação do azoto atmosférico. Sobretudo se considerarmos que praticamente todo o azoto a que as plantas terrestres tinham acesso, até ao século XX e em grande medida até hoje, provinha desta fixação (Zagal, 2005, Roy et al, 2006, E. Letelier comunicação pessoal). De facto, os minerais que formam as rochas-mãe do solo não contêm N. O processo de fixação do N atmosférico realizado por bactérias (como as *Rhizobium* sinbiontes das leguminosas ou as *Azotobacter* Cyanobacteria de vida livre) e algas azuis-verdes é comparativamente semelhante ou menos importante do que a fotossíntese. Dos 275 milhões de toneladas fixadas anualmente, estima-se que 175 milhões de toneladas sejam de fixação biológica, 70 milhões de toneladas de processos industriais e 30 milhões de toneladas de fixação espontânea (Rodriguez et al. 1984). Entre as bactérias fixadoras de N, as que efectuam a maior parte desta transformação são as *Rhizobium,* bactérias que vivem nas raízes das plantas da família Leguminosae. Estas bactérias necessitam de energia para reduzir as moléculas de N atmosférico$_2$, que é fornecida pelos hidratos de carbono que as plantas produzem no processo de fotossíntese. Ao fornecer N às leguminosas, *o Rhizobium* está a aumentar a disponibilidade de um elemento, presente em quantidades muito limitadas nos solos, que é essencial tanto para a formação de proteínas como para os organismos vivos. Embora seja verdade que o N é fixado nas raízes das leguminosas, ele passa para o solo quando as raízes e outros órgãos dessas plantas morrem. Desta forma, o N assim fixado fica disponível para as plantas de outras famílias, melhorando o seu crescimento e desenvolvimento. A quantidade de N que pode ser fixada por uma cultura de luzerna pode ser deduzida a partir do rendimento potencial da cultura, do seu teor de N e do contributo do solo. Com base nos dados obtidos na estação experimental La Platina, num solo molissolo, série Santiago, onde se obtiveram 25 toneladas de luzerna com um teor de 2,5 % de N y com entradas de solo de cerca de 80 kg/ha, pode estimar-se que a fixação de N foi equivalente a cerca de 540m kg/ha. Outras medições efectuadas em La Platina mostraram que o trevo rosa podia transferir 233 kg de N y durante dois anos para fornecer N coto suficiente para obter rendimentos de 56 qq/ha de milho durante três anos (Letelier e Martinez, 1980). Este valor indica que a capacidade de fixação de N por esta via é muito grande. Experiências em Espanha mostram que é possível produzir entre 10,3 e 16,7 ton ha^{-1} de grãos de milho após alfafa (Cela et al.2010).

No entanto, na prática agrícola normal, este contributo é muito inferior e é frequentemente mais fácil e mais barato utilizar fertilizantes azotados inorgânicos.

Além disso, existem esporos de fungos patogénicos para as plantas (Gaeumannomyces, Phytophtora, Phytium, Alternaria, Rhyzoctonia, Sclerotinia, Fusarium e outros), nemátodos (Meloidogyne, Platylencus, Globodera e outros) e insectos (por exemplo, Naupactus Xantographus, Elasmopalpus Lignosellus, Phylloxera e outros) que afectam as sementes ou as raízes e vivem no solo em alguma fase do seu ciclo: Naupactus Xantographus, Elasmopalpus Lignosellus, Phylloxera y outros) que afectam as sementes o raízes o que durante alguma fase do seu ciclo vivem no solo. Estes agentes patogénicos e pragas causam frequentemente danos graves às culturas.

2.2.3.4   Uma superfície de troca de energia (radiações electromagnéticas e térmicas) e de matéria: gases (O_2 , CO2, N_2 , vapor de água, etc.), líquidos (água) e sólidos (poeiras) entre o solo e a atmosfera.

O solo constitui uma superfície importante para a troca de radiações electromagnéticas entre a Terra e o Sol. Cerca de 29% dessa troca ocorre na superfície do solo e o restante na superfície dos mares, lagos e rios. Esta troca é responsável pelo aquecimento da atmosfera durante o dia e pelo seu arrefecimento durante a noite e pela evaporação da água do solo (Rose, 1966, Monteith, 1973).

A troca que ocorre na água afecta menos a temperatura do ar porque a energia é consumida principalmente pela evaporação da água. A troca de radiação electromagnética que ocorre na superfície do solo depende em grande parte das suas propriedades ópticas: cor, albedo e emissividade, que por sua vez determinam os coeficientes de absorção, reflexão e transmissividade.

A troca de gases entre o solo e a atmosfera, especialmente O_2, é de importância vital para a vida dos organismos do solo e para a atividade das raízes. Assim, a falta de oxigénio ao nível das raízes afecta a sua capacidade de absorver nutrientes e água do solo e, consequentemente, o seu crescimento. A falta de oxigénio, ou anoxia, provoca a acidificação do citosol, que controlaria as proteínas formadoras de canais de água ou aquaporinas (Tuournaire-Roux et al., 2003) e reduziria a respiração, que gera a energia necessária para a absorção ativa de nutrientes.

Por outro lado, a troca de água entre o solo e a atmosfera define o tipo de clima de uma região.

No caso da agricultura de regadio, ocorre um fenómeno denominado "colmatagem", que consiste na deposição de partículas de solo transportadas pela água de rega, que, por um lado, aumenta a profundidade do solo, mas que, por vezes, obstrui os poros do solo, provocando uma "impermeabilização", com a consequência de gerar problemas de infiltração de água e de arejamento.

Por último, as trocas de sólidos entre o solo e a atmosfera são essencialmente constituídas por partículas (poeiras) constituídas por areias, siltes, argilas, matéria orgânica e cinzas de origem vulcânica. Esta troca é favorecida pela falta de precipitação e pelos ventos. Nas zonas de clima árido, com solos secos, as partículas são mais leves e não estão ligadas entre si pela água e pela tensão superficial da água, o que favorece a sua mobilidade. Com o aumento da velocidade do vento, o impulso é transferido da atmosfera para as partículas do solo e gera-se turbulência, o que favorece o transporte das partículas. Além disso, algumas actividades humanas, como o transporte, a exploração mineira e a mobilização do solo, promovem a formação de poeiras e o seu transporte do solo para a atmosfera.

2.2.4 <u>Técnicas para alterar as condições do solo.</u>

As principais técnicas utilizadas para alterar as condições do solo são: mobilização e subsolagem do solo, pousio, fertilização, irrigação e desinfeção.

2.2.4.1 Lavoura e subsolagem do solo

A mobilização do solo (lavoura, gradagem) é uma técnica amplamente utilizada para a modificação do solo. Os solos dedicados à agricultura são normalmente lavrados e gradeados com o objetivo de controlar as ervas daninhas, os danos causados pelas aves, melhorar o contacto semente-solo, evitar a secagem e facilitar a inibição pela água, assegurando assim um bom estabelecimento da cultura semeada. No entanto, a mobilização zero mostra que a mobilização convencional nem sempre é necessária.

Se esta operação for efectuada em solos susceptíveis de erosão, sem que sejam tomadas as precauções necessárias, o resultado pode ser a perda de solo. Além disso, a lavoura expõe as sementes de ervas daninhas à luz, o que favorece a sua germinação, o que significa que a cultura tem apenas uma ligeira vantagem sobre as ervas daninhas na ocupação do solo.

Também se diz que o objetivo da lavoura é criar uma cama de sementes adequada para a germinação das sementes. No entanto, com o advento do plantio direto, ficou provado que, se herbicidas adequados forem usados, a erosão do solo é significativamente reduzida (Acevedo Silva, 2003, Triplett et al, 2008, Reganold e Huggins, 2008). Por outro lado, as sementes que caem no solo após uma colheita são capazes de germinar, se não forem comidas por pássaros, e quando as condições de humidade são adequadas, indicando que a necessidade de mobilização do solo é questionável. Em condições de estufa, é possível observar que se as sementes de várias culturas, incluindo a batata, forem colocadas em solo húmido, sem a presença de aves, as sementes germinam e as plântulas estabelecem-se sem problemas.

Nos casos em que existem camadas de solo impermeáveis, a sua desagregação através da subsolagem é utilizada para permitir um melhor crescimento das raízes.

Também é habitual lavrar o solo algum tempo antes da sementeira para fazer os chamados "pousios", cujo objetivo é permitir a decomposição da matéria orgânica das ervas daninhas, a oxidação dos produtos de decomposição que afectam a germinação e a acumulação de água no solo. De facto, a mobilização do solo injeta ar no solo e facilita a oxidação da matéria orgânica e dos produtos de decomposição nocivos. O aumento da decomposição da matéria orgânica que ocorre liberta azoto e outros nutrientes que beneficiam a cultura subsequente. Em muitos casos, este pousio é utilizado para acumular a água da chuva que permanece no solo se não houver vegetação para escoar. A lavoura tem também como efeito a formação de uma camada de solo com propriedades termicamente menos condutoras (Abu-Hamdeh, 2000), razão pela qual, para reduzir o risco de geada num pomar, é recomendável não o lavrar, uma vez que à noite o fluxo de calor das profundezas do solo é abrandado.

2.2.4.2 Fertilização, salinidade e pH.

Em geral, os solos são normalmente incapazes de fornecer os nutrientes minerais de que as culturas e as pastagens necessitam para exprimir o seu potencial produtivo (N, P, K^+, Ca^{++}, S, Fe^{++}, Mg^{++}, Mn^{++}, B, Cu^{++}, Zn^{++}, Mo, Cl', Ni^{++} y o Si necessário nos cereais coto trigo o aveia y o Na^+ na beterraba sacarina y plantas C4). Os elementos mais frequentemente necessários, em doses mais elevadas, são o N, o P e o K. O Ca, o S e o Mg, em doses mais baixas, e os outros, chamados "elementos menores". A prática agronómica desenvolvida para resolver esta limitação é a fertilização. Esta consiste na aplicação artificial de nutrientes necessários ao crescimento das plantas em doses calculadas para satisfazer as necessidades da cultura ou da pastagem. As fontes podem ser compostos orgânicos (estrume, composto, resíduos vegetais decompostos) ou nutrientes inorgânicos (nitratos de N, K, amónio, ureia, fosfatos, sulfatos de K, Mg, amónio, cloreto de K, enxofre, bórax, etc.). No caso do N y das leguminosas, utilizam-se preparações da bactéria Rizhobium para assegurar a sua presença e garantir assim uma boa nutrição azotada.

A nutrição óptima das plantas é aquela que atinge um equilíbrio adequado de todos os nutrientes em cada fase de desenvolvimento da planta.

O elemento a utilizar e a dose são calculados com base em análises do solo ou dos tecidos. As análises são objeto de calibrações para aperfeiçoar o seu estado e definir as doses a utilizar.

Uma forma de calcular a dose a utilizar é efetuar um balanço de massa que equaciona a procura com a oferta e resultando na seguinte fórmula, (Rodriguez,1990, Novoa y Loomis, 1981a,Novoa 1989a,b):

Dose (kg ha-^{1}) = (D - Ns) * Ef-^{1} (2)

Esta expressão assume razoavelmente que o N fornecido pelo solo e o N fornecido pelo fertilizante estão igualmente disponíveis e que as raízes não podem discriminar entre as duas fontes.

A procura (D) é calculada com base na concentração média (%), na biomassa da cultura. considerada óptima para esse elemento e a produção de biomassa esperada.

No caso do N, a sua procura líquida (D), em kg ha^{-1} é:

D = Biomassa * % N, kg ha^{-1} (3)

Biomassa = matéria seca das plantas, kg ha^{-1}

% N = teor médio de N na biomassa

Ef: Eficiência de utilização do elemento nutriente, é a relação entre kg de biomassa produzida e kgnutriente^{-1} disponível. A eficiência de utilização do N, kg de grãos por unidade de N disponível, N do solo mais N do fertilizante, diminui praticamente de forma linear de 58 para 35% quando se aumenta a dose de N aplicada de 150 para 300 kg ha^{-1} (Campillo et al, 2007. 2010). Este resultado implica que a eficiência de utilização, utilizada na fórmula 2, diminui normalmente à medida que a dose de nutriente aplicada aumenta, o que exige uma correção dependente da dose.

Ns = Azoto fornecido pelo solo, kg ha^{-1}

O contributo do solo pode ser estimado através da análise do solo. Assim, por exemplo, valores de N, P (Olsen) y K de 40, 12 e 120 ppm são considerados adequados no Chile, sendo apenas necessária uma fertilização de manutenção.

Se o adubo azotado não for aplicado antes da sementeira ou se for aplicado um adubo cujo azoto não esteja imediatamente disponível, a equação 2 deve ser modificada, uma vez que o contributo do solo será Ns* Ef y, pelo que a equação seria

D = Biomassa* Ef^{-1} - Ns (4)

O resultado é um D muito mais elevado.

De um ponto de vista agronómico, é interessante conhecer a eficiência agronómica (kg de kgnutriente em grão^{-1} aplicado) do elemento em consideração. Este é o produto desta eficiência pela fração de recuperação (N absorvido por kg de kgnutriente^{-1} aplicado) (Novoa e Loomis, 1981a).

Eficiência agronómica = eficiência fisiológica x fração de recuperação:

Um fator importante na absorção de nutrientes do solo é a concentração em que estão presentes. Com a mesma dose, mas com uma concentração diferente (o que pode ser conseguido misturando a mesma dose com uma camada maior ou menor de solo ou por bandas versus difusão) os resultados são diferentes. Quanto maior a concentração, maior a absorção, pelo que a aplicação em faixas é muito conveniente, para além de evitar problemas de fixação, como acontece com o fósforo.

Os estudos efectuados para estimar a eficiência da utilização dos nutrientes aplicados mostram que, no caso do N, esta eficiência é cerca de 50 % ou inferior (Novoa y Loomis 1981a, Fernandez, 1995, Campillo *et al.* 2007, 2010, Fageria y Baligar, 2005). Outro estudo concluiu que a absorção do N aplicado é, em média, 33 % do N aplicado e apenas 29 % nos países em desenvolvimento (Raun y Johnson, 1999). No caso do P, é inferior a 10% nos solos andisolares. Isto implica que uma grande parte dos elementos nutricionais aplicados nos fertilizantes não são resultando, por um lado, em contaminação e, por outro, em custos mais elevados. Por conseguinte, parece ser uma prioridade procurar formas de melhorar esta eficiência. Tanto a agricultura de "precisão" ou específica do local (Haapal, 1995, Dobermann *et al.* 2002), como a utilização de adubos de libertação lenta, a aplicação em faixas ou a aplicação fraccionada são técnicas de aplicação destinadas a melhorar esta eficiência.

Do ponto de vista agronómico, a tónica é colocada na melhoria da eficiência agronómica do N, definida como o rendimento por unidade de N aplicado (kg de produto kg^{-1} N aplicado). Esta melhoria constitui um desafio para os investigadores especializados na fertilidade do solo e, em geral, na utilização dos recursos na agricultura, de Wit, 1992, 1994. Isto implica que, para além das melhorias nas técnicas de aplicação, qualquer aumento dos rendimentos, seja qual for o meio utilizado, melhorará esta eficiência. Na China, as eficiências agronómicas de N medidas para o milho e trigo variaram de 1,3 y 14,1%, para o fósforo 5 a 78,1 y para K de 3,2 a 10,2, y N, P y K eficiências de recuperação, para a primeira temporada, foram 31,0%, 20,1% y 37,1% no trigo y 25,6%, 16,8% y 34,9% para o milho, respetivamente (Ping *et al.*, 2009). O Quadro 4 apresenta um resumo, efectuado por Fisher et al, 2009, da recuperação do N aplicado a várias culturas. Deste quadro pode deduzir-se que existe uma baixa eficiência do N aplicado, mas que esta pode ser melhorada comparando as recuperações ao nível dos agricultores com as encontradas nas parcelas de investigação. Uma recuperação baixa implica uma eficiência baixa.

Quadro 4. Eficiência de recuperação de N (RE_N , % do N aplicado como fertilizante) em culturas sob práticas de produção actuais y em parcelas de investigação.
Tabela 4. Eficiência média de recuperação de N (RE_N . % de N fertilizante aplicado) para culturas de colheita sob as práticas agrícolas actuais e parcelas de investigação

Culturas	Média RE_N subcorrente prática agrícola (%)	Média RE_N em parcelas de investigação (%)	Máximo RE_N de parcelas de investigação (%)
Arroz			
6 Regadio	31-36 (Ásia)	46-49	88
6 Pluviosidade		45	55
Trigo			
6 Regadio	33-34 (Índia)	45-57	
6 Pluviosidade	17 (EUA)	25	65
Milho			
6 Irrigado e de sequeiro	36-57	42-65	88

Fonte: Balasubramanian et al., 2004; Dobermann, 2007

A utilização de fertilizantes de libertação lenta, a aplicação em faixas, as aplicações divididas no tempo e a agricultura específica do local são técnicas utilizadas para melhorar a eficiência da utilização de fertilizantes. É possível duplicar a eficiência agronómica do N, de 26 para 57 kg de grãos por kg de N, melhorando a gestão do N (Chen et al., 2011).

Além disso, a utilização de doses elevadas de N pode levar à tendência do trigo e de cereais semelhantes. No pior dos casos, o rendimento do trigo pode ser reduzido em 80 % e ser de má qualidade (Berry et al. 2004). Esta é uma das razões pelas quais a eficiência do N é reduzida com doses elevadas de N. Esta é frequentemente uma das razões pelas quais a eficiência do N é reduzida com taxas elevadas de N.
A salinidade do solo é outro fator a ter em conta (Allison et al., 1954, Rhoades et al., 1999, Delatorre, 2001). Deve ser mantida sob controlo, estimando-se geralmente que valores inferiores a 2 dS/m

não afectam as culturas e que valores entre 2 y 4 dS/m afectam as culturas sensíveis. A técnica utilizada para reduzir a salinidade é a sua lixiviação com água.
Além disso, as culturas e os prados necessitam de um pH do solo próximo de 7 para crescerem bem. As correcções de pH são feitas através da aplicação de cal para aumentar o pH e de S para o baixar. A utilização repetida de ureia faz baixar o pH.

A agricultura biológica propõe a utilização exclusiva de estrume, composto derivado de resíduos de culturas ou de pastagens ou de qualquer outro substrato orgânico para fornecer N, P e outros nutrientes e não utiliza fertilizantes químicos. Um dos principais problemas desta abordagem é o facto de não haver matéria orgânica suficiente para aplicar as quantidades de N necessárias a uma cultura. Assim, uma cultura que não receba fertilizantes não produzirá mais do que 2 a 4 toneladas de biomassa por hectare, devido ao poco N, P y K no solo, com um teor de 1% de N, se for cereal, a 2% de N, se for leguminosa, ou um total de 20 a 80 kg de N. Uma vez que para produzir um rendimento de trigo de 5 toneladas de grão por hectare, é necessário aplicar cerca de 200 kg de N por hectare, é necessário colher 3 a 10 hectares de cultura para satisfazer a procura de trigo. Isto é muito ineficaz, perdendo-se muita terra que poderia ser utilizada para a produção de alimentos. É claro que, se tivermos algum destes materiais, como o estrume dos sistemas pecuários, temos de o utilizar, porque há um nicho de consumidores que estão dispostos a pagar por este tipo de produto. Existem ainda outras incoerências na agricultura biológica, como o facto de autorizar a utilização de calda bordalesa, sulfato de cobre, cal e outros produtos químicos, e de a não utilização de herbicidas exigir mais mão de obra, o que encarece o produto (Loomis e Connors, 2002). Do mesmo modo, existem muitas provas de que os alimentos biológicos não são mais seguros nem mais saudáveis do que os alimentos convencionais (Wilcox, 2012).

A salinidade do solo é outro fator a considerar. Esta deve ser mantida sob controlo. Em geral, estima-se que valores inferiores a 2 dS/m não afectam muito as culturas, entre 2 e 4 afectam culturas muito sensíveis. Se este valor subir para entre 4 e 8 é moderadamente salino, entre 8 e 16 é fortemente salino, acima de 16 com um pH superior a 8,5 é considerado um solo salino. Outros indicadores são a percentagem de sódio permutável (PSI) que, se for superior a 15 %, começa a gerar problemas, a dispersão de argilas e o RAS ($[Na^+] (({[Ca^{++}]+[Mg^{++}]}/2)^{-1/2}$), cujo valor em solos normais é inferior a 10, mas entre 10 e 20 é prejudicial.

A técnica utilizada para reduzir a salinidade consiste em lixiviar o solo com água.

Além disso, as culturas e os prados necessitam de um pH próximo de 7 para funcionarem de forma óptima. A correção do pH é feita através da calagem para aumentar o pH e do S para o baixar. A utilização prolongada de ureia no mesmo solo faz baixar o seu pH.

2.2.4.3 Irrigação e drenagem. Estas questões são abordadas mais adiante, no ponto relativo às condições da água.

2.2.4.4 Saneamento. No solo existem esporos de fungos, nemátodos, sementes de doenças, ovos ou larvas de insectos e outros animais que podem ser prejudiciais às plantas. Este risco pode ser reduzido através da utilização de rotações de culturas, solarização o aplicação de fungicidas, insecticidas, herbicidas no solo.

2.2.5 <u>Condições hídricas</u>

Estas condições são determinadas pelo equilíbrio entre a precipitação e a evapotranspiração (evaporação do solo mais evaporação das folhas o transpiração), que é determinante para os tipos de clima e também para as necessidades de irrigação das plantas. As plantas cultivadas só atingem o seu rendimento máximo quando não são submetidas a nenhum período de stress durante o seu ciclo de vida. Muitas vezes pensa-se que as plantas que resistem a períodos de seca sem morrer não reduzem o seu rendimento devido a este fator, mas na realidade estas plantas utilizam a estratégia de parar o seu crescimento para resistir à seca e, por conseguinte, reduzem sempre o seu rendimento.

Quando a precipitação é aproximadamente igual à evapotranspiração, a situação ideal é que não haja défice ou excesso de água e que a produção não seja reduzida devido a problemas hídricos.

Se houver um excesso de água em relação à evapotranspiração, pode ocorrer uma situação de anerobiose, durante um determinado período ou durante todo o ciclo de crescimento, o que exige uma drenagem para que não haja efeitos no crescimento ou perdas de rendimento. O excesso de água é deprimente para a produção vegetal porque o solo saturado de água não permite a entrada de oxigénio no ambiente radicular, o que afecta a forma como os nutrientes se encontram no solo e a capacidade de absorção de nutrientes pelas raízes. Haveria também uma acumulação de metabolitos excretados pelas raízes que afectam o crescimento e que, em condições aeróbicas, são oxidados.

Quando há um défice de água, é necessário complementá-lo com irrigação. A agricultura e, por conseguinte, a produção de alimentos, em grandes partes do mundo e no Chile, depende da disponibilidade de água doce para irrigação. A área mundial irrigada de cerca de 263 milhões de hectares, que compreende 15% da terra arável do mundo, produz 36% dos alimentos do mundo, o que implica que o controlo do abastecimento de água leva a melhorias significativas na produtividade (Howell, 2001). Por outro lado, o crescimento da população mundial e a sua crescente procura de alimentos, energia, água potável e satisfação de outras necessidades impõem uma pressão cada vez maior sobre os recursos hídricos e a eficiência da sua utilização. Além disso, uma grande parte das actuais áreas irrigadas sofrerá um aumento da procura de água associado às alterações climáticas e à contaminação por diversos meios: utilização de agroquímicos na agricultura, uso doméstico e industrial, entre outros (Novoa, 2004).

A produção de matéria seca de uma população de plantas, P, é proporcional ao rácio entre a água transpirada (T) e a evaporação da bandeja (Eb), de Wit 1958:

$$P = M*T* Eb^{-1} \qquad (5)$$

M : Constante específica da cultura, $Kg*ha^{-1}$
T   : Transpiração, mm
Eb   : Tabuleiro de evaporação, mm

M é uma constante caraterística de cada espécie e independente do clima, do fornecimento de nutrientes (desde que não seja demasiado baixo) e da disponibilidade de água (desde que não seja excessiva) (de Wit, 1958, Viets, 1962, van Keulen, 1975).
Então o rendimento potencial (Yp) pode ser calculado com base nesta relação, y seria :

$$Yp = IC*M* T * Eb^{-1} \quad (6)$$

IC: índice de colheita

A partir das equações acima, a eficiência agronómica do uso da água pode ser definida (Novoa, 2004). A eficiência agronómica é definida como a produção de biomassa de um produto comercial por unidade de insumo utilizado por unidade de tempo (Novoa y Loomis, 1981).

$$EAUA = IC*M* T * Eb^{-1} *(R + LL- EV-Dp- Es+ H) \sim^{1} \qquad (7)$$

EAUA: eficiência da utilização da água na agricultura, Kg de produto* $ha^{-1} * mm^{-1}$.

R   : Total de água aplicada por rega   , mm
LL   : Total de água   da precipitação, mm
En   : Escoamento da superfície, mm

Dp   : Drenagem profunda, mm
EV : Evaporação do solo, mm
     Variação do teor de humidade do solo, mm.

Nesta expressão, o numerador representa o produto comercial produzido deduzido da expressão dada por de Wit, 1958, e o denominador a água líquida total posta à disposição da cultura. O efeito da cultura é caracterizado pelos parâmetros M e IC, o efeito dos factores meteorológicos (radiação solar, energia térmica, défice de saturação, vento e água da chuva) por Eb y LL, o efeito da água de rega por R e do solo por ^H.

Yp também pode ser calculado do seguinte modo:

Yp=EAUA*(R+ LL- Es-Dp- Ev+ ^H) 2.2.6 <u>Condições</u>   (8)
<u>sanitárias</u>

A presença de ervas daninhas, insectos fitófagos, fungos, bactérias, vírus, nemátodos e ácaros nas culturas e nos solos causa sérios problemas aos produtores, tanto em termos de redução dos rendimentos como de efeitos na qualidade dos produtos (Agrios, 1997).

Os efeitos de todos os factores sanitários sobre o rendimento do produto são muito variáveis, desde valores inferiores a 10 % até valores superiores a 90 %, dependendo da área de cultivo, da presença de inoculantes, das condições climáticas e do solo e da gestão, entre outros factores.

Estima-se que, se não fossem utilizados pesticidas, 70 % da produção agrícola se perderia, Lawrence e Koundal, 2002. Oerke, 2006, estimou as perdas médias devidas a efeitos bióticos em 23% dos rendimentos possíveis no caso dos cereais.

As estimativas das perdas potenciais e reais entre 2001 e 2003, apesar da proteção concedida, indicam que as perdas potenciais variaram entre 50 % no trigo e mais de 80 % no algodão.

Outras estimativas indicam perdas de 26-29% para a soja, o trigo e o algodão, 31% para o milho, 37% para o arroz e 40% para a batata.

Em resumo: perdas de cereais com base nos dados de Oerke, Fisher et al. 2009 Elaboro o seguinte quadro:

Quadro 5.- Estimativas globais das perdas potenciais sem proteção física, biológica ou química e das perdas reais, expressas em percentagem dos rendimentos realizáveis em trigo, arroz e milho.
Estimativas globais das perdas potenciais sem protecções físicas, biológicas ou químicas e das perdas reais, em percentagem dos rendimentos atingíveis de trigo, arroz e milho.

	Trigo Arroz Milho			Trigo Arroz Milho		
	Perdas potenciais			Perdas actuais		
Ervas daninhas	23.	037.	140.3	7.710	.	210.5
Pestes anima	8.724	.715	.9	7.915	.	19.6
Agentes	15.613	.	59.4	10.	210.	88.5
Vírus	2.5	1.7	2.9	2.4	1.4	2.7
Totais	49.8	77.0	68.5	28.2	37.4	31.2

Fonte: Oerke, 2006, Fisher et al, 2009.

As reduções de rendimento no arroz, trigo, cevada, milho, batata, soja, algodão e café causadas por ervas daninhas foram estimadas em 30%, por insectos em 23% e por fungos em 17% por Cheminova, 2009.

Por esta razão, os países estão cada vez mais conscientes da importância da proteção fitossanitária da sua agricultura e estão a implementar medidas para impedir a entrada de pragas e doenças no seu território. Esta política é também utilizada para criar barreiras pautais que servem objectivos socioeconómicos e agronómicos.

2.2.6.1.- Ervas daninhas.

Os danos causados pelas infestantes foram estimados em 125 milhões de toneladas de alimentos, Parker e Labrada, 1996. Os danos são causados pela redução da área disponível para cultivo, efeitos alelopáticos, competição por luz, água e nutrientes. Além disso, podem ser hospedeiras de pragas e insectos benéficos.

Existem vários métodos de controlo de ervas daninhas o para reduzir a infestação de ervas daninhas a um determinado nível, entre eles:

1. Métodos preventivos, que incluem procedimentos de quarentena para evitar a entrada de uma infestante exótica no país ou num determinado território.

2. Métodos físicos: puxar à mão, sachar, cortar com machete ou outra ferramenta y trabalho de cultivo.

3. Métodos culturais: rotação de culturas, preparação do solo, utilização de variedades competitivas, distância de sementeira o plantio, culturas intercalares o policultura, culturas de cobertura vivas, cobertura morta (folhas de plástico, resíduos de plantas que apresentem riscos para as lesmas ou outros) y gestão da água (a irrigação gota a gota rega apenas as plantas de interesse).

4. Controlo químico através da utilização de herbicidas.

5. Controlo biológico através da utilização de inimigos naturais específicos para o controlo de espécies infestantes.

6. Outros métodos não convencionais, por exemplo, a solarização do solo.

Para mais pormenores, ver Martin y Zallinger. 2001

2.2.   Є.2 Insectos, fungos, bactérias, vírus, nemátodos e ácaros.

Os ataques de doenças e pragas produzem uma série de sintomas: mudanças de coloração, murchamento o murchamento dos rebentos o das plantas, manchas nas folhas o dos frutos, desfolha, deformações, cancros, apodrecimento dos frutos, das raízes o da madeira (Pinto, Harley y Alvarez, 1994).

As técnicas gerais de controlo de insectos, fungos, bactérias, vírus, nemátodos e ácaros são a utilização de plantas com resistência ou tolerância genética, rotações, escolha de locais de plantação, utilização de agroquímicos, inimigos naturais ou controlo biológico, rotações, boa nutrição mineral, desinfeção do solo e combinações destas técnicas conhecidas como "controlo integrado". A utilização de plantas com resistência ou tolerância genética é de grande valor para reduzir o impacto ambiental dos pesticidas.

2.2.6.2.1 Insectos

Os insectos (animais pertencentes ao filo Arthropoda) causam danos graves ao alimentarem-se e ao serem vectores de doenças bacterianas, virais e fúngicas. No caso das plantas cultivadas, os danos são causados pela destruição das folhas, caules e raízes por insectos mastigadores, por insectos sugadores de seiva e por doenças transmitidas por insectos. A nível mundial, o ataque de insectos é responsável por 15% das perdas sofridas pelas culturas antes da colheita, apesar da utilização de insecticidas. O valor das perdas é da ordem dos 100 mil milhões de dólares, de acordo com Lawrence & Koundal, 2002, sendo o custo anual dos insecticidas de cerca de 8 mil milhões de dólares. Além disso, os danos são causados não só às plantas e animais vivos, mas também aos géneros alimentícios armazenados. Estima-se que, a nível mundial, as perdas pós-colheita de produtos vegetais representem 25% do total de produtos alimentares armazenados: cerca de 1225-2300 milhões de toneladas, incluindo 600-800 milhões de toneladas de cereais e seus produtos, 250-500 milhões de toneladas de tubérculos e raízes e 375-1000 milhões de toneladas de frutos e produtos hortícolas. Deste total, 20% são devidos a insectos e ácaros, o que representa cerca de 5 mil milhões de dólares (Cao, Pimentel e Hart, 2002).

O controlo das pragas de insectos baseia-se na utilização de insecticidas sob a forma líquida, sólida ou gasosa, plantas Bt geneticamente modificadas, controlo biológico, desinfeção do solo ou rotações, utilização de inimigos naturais ou controlo biológico. Pedigo e Rice. 2008.

Os insecticidas continuam a ser amplamente utilizados, mas a tónica é colocada na procura de produtos químicos mais respeitadores do ambiente e dos consumidores. Assim, é dada preferência a insecticidas específicos (os que matam apenas o inseto a controlar e não outros) e aos que têm menor persistência para reduzir os efeitos adversos que podem ter nos consumidores. Nos Estados Unidos, os guias de utilização de insecticidas apresentam em pormenor as sugestões de utilização de insecticidas para numerosas culturas (Knodel et al. 2009, Steward, Patrick e Me Clure, 2009, Eisley e Hammond. 2007, Pennstate 2008-2009)

A luta biológica contra os insectos baseia-se na utilização de inimigos naturais dos insectos o ácaros. Estes podem ser outros insectos, fungos ou outros. No caso dos afídeos, são conhecidos muitos insectos predadores: *Chrysoperla carnea, C. rufilabris, Chrysopa* spp, *Chrysopidae e Haemorobiidae, Aphidoletes aphidimyza*, vespas parasitas como a *Aphidius Coleman, Aphidius matricariae y Aphelinus mali y* vários escaravelhos *Hippodamia convergens Harmonia axyridis y Coccinella septumpunctata*, algumas larvas de espécies de moscas da família *Syrphidae y* outros. *Orius insidiosus* ataca afídeos e ácaros, enquanto *Stethorus punctum* ataca ácaros e outros coccinelídeos e conchas. Os parasitas de lepidópteros são Carabidae y Staphylinidae besouros, *Actia interrupta, vespas Braconid e Ichneumon y* vespas parasitas de ovos *Tnchogramma*. Os parasitas dos ácaros são *Typhlodromus pyri*, recentemente descoberto em 2003, que é muito eficaz, e *Neoseiulus fallacis. Existem* também fungos que atacam os insectos como *Beauveria Bastiana, Hirsutella, Verticillium lecanii* (Pennstate 2008-2009, Parte II).

2.2.   Є.2.2 Fungos, bactérias e vírus.

Os fungos desempenham funções ecológicas positivas: decomposição da matéria orgânica através da secreção de enzimas digestivas, reciclagem de nutrientes, fornecimento de alimentos, antibióticos e, no caso das micorrizas que formam simbiose com as raízes (trocando açúcares por nutrientes), facilitam a função destas últimas na extração de nutrientes do solo.

No entanto, também causam grandes danos às culturas no campo, através da redução da área foliar por manchas ou desfoliação, perda de folhas, redução da qualidade dos frutos por manchas ou apodrecimento das folhas, deformação de rebentos ou folhas, redução do transporte de seiva, destruição de raízes (filoxera) e madeira e, no caso de produtos armazenados atacados, o perigo de toxicidade devido às aflatoxinas, Agrios, 1997.

O controlo dos fungos é feito através da utilização de plantas com resistência genética aos fungos, da plantação de variedades que crescem em períodos em que alguns fungos não atacam, do controlo biológico dos vectores, da utilização de fungicidas, das rotações o da desinfeção do solo no caso dos fungos do solo.

As principais bactérias que atacam as culturas são dos géneros *Xanthomonas, Pseudomonas, Erwinia, Agrobacterium, Ralstonia* e *Clavibacter.*

2.2.6.2.2.3 Ácaros. Existem numerosas espécies de ácaros que causam danos às culturas. O seu controlo não é possível com insecticidas, mas exige a utilização de acaricidas específicos, para além das outras técnicas.

2.2. Є.2.4 Nemátodos. Várias espécies de nemátodos causam danos às raízes das plantas cultivadas. O seu controlo baseia-se em rotações o uso de nematicidas.

2.2.62.5 Outros. Doenças causadas por perturbações fisiológicas como escaldões, podridões o Sífilis

2.3.   - Gerir adequadamente.

No entanto, não há dúvida de que, humana e historicamente, o principal objetivo da agricultura era fornecer alimentos para sustentar os seres humanos. Podemos afirmar que se trata de uma atividade essencialmente biológica, porque é uma espécie de simbiose especializada praticada por quatro grupos de organismos vivos: o homem, as térmitas, as formigas e os escaravelhos. Para além disso, as condições ecológicas podem incluir a influência humana, responsável pela gestão, se considerarmos que o homem faz parte do ambiente que rodeia os organismos utilizados para a produção. No entanto, se se tratasse apenas de alimentar os agricultores, não haveria necessidade de produzir um excedente de alimentos, que é o que a agricultura atual normalmente faz. A evolução da organização social humana tornou conveniente uma divisão do trabalho, de modo a que apenas alguns homens se dedicassem à produção de bens agrícolas enquanto outros os comprariam, acrescentando um objetivo económico ao nutricional.

Em qualquer caso, sabe-se que a ordem dos factores não é importante, o principal é identificar os factores e os seus impactos.

No entanto, o facto de um organismo geneticamente modificado ser colocado em condições ecológicas óptimas é necessário mas não suficiente para obter bons rendimentos e sucesso numa empresa agrícola. Um terceiro grupo de factores, que inclui principalmente a influência de factores humanos e socioeconómicos, é decisivo para os alcançar. Isto significa:

2.3.1 <u>Cuidado com o momento e a intensidade da utilização das técnicas agronómicas</u>. Se a técnica agronómica não for aplicada no momento certo e sem a intensidade adequada (dosagem e frequência dos agroquímicos; frequência, profundidade e número de vezes de mobilização do solo, por exemplo), o efeito da prática pode perder-se totalmente numa boa proporção.

2.3.2 <u>Utilização e manutenção correctas das infra-estruturas: edifícios, estradas, vedações, barragens, canais, sistemas de irrigação, máquinas e equipamentos.</u>

2.3.3 <u>Cuidados com os aspectos ambientais.</u> A utilização de agroquímicos (adubos, pesticidas, hormonas ou outros), a mobilização do solo deve ser feita tendo o cuidado de não produzir efeitos adversos no ambiente, como a contaminação ou intoxicação dos aplicadores ou consumidores ou a erosão.

2.3.4 <u>Cuidar dos aspectos sociais.</u> A gestão do pessoal deve ser efectuada de acordo com as regras legais y de boa convivência. É igualmente aconselhável manter boas relações com os fornecedores, os compradores e os vizinhos.

2.3.5 <u>Cuidar dos aspectos económicos.</u> A empresa agrícola é, em grande medida, uma atividade cuja saúde económica é essencial para a sua sobrevivência. A compra de factores de produção, a mão de obra o consultoria o e a venda de produtos devem ser feitas com muito cuidado, de modo a obter custos e rendimentos que permitam uma rentabilidade adequada.

2.3.6 <u>Cuidar do lo produzido.</u> Como dissemos anteriormente, cerca de 25% do que é produzido perde-se. Os produtos agrícolas são essencialmente perecíveis devido à sua natureza orgânica e porque são bons alimentos para muitos insectos, fungos ou ratos. Por isso, é necessário cuidar do que é produzido para evitar perdas desnecessárias. Assim, as condições de armazenamento em armazéns e embalagens não devem favorecer o desenvolvimento destas pragas. Muitas vezes é necessário aplicar fungicidas, insecticidas ou raticidas para manter estas pragas afastadas, com o consequente aumento de custos, problemas de contaminação ou qualidade do produto.

2.3.7 <u>Manter-se informado.</u> É essencial estar informado sobre: políticas agrícolas, novas tecnologias e actividades de transferência de tecnologia, reuniões e encontros de negócios, preços, novas oportunidades de mercado no mundo de hoje, condições meteorológicas futuras e todas as informações relevantes para a agricultura. A este respeito, o acesso à Internet é de grande importância, uma vez que facilita o acesso a esta informação, bem como o acesso aos bancos e agiliza os contactos por correio eletrónico.

2.3.8 <u>Planeamento e introdução de inovações.</u> Embora a experiência de utilização do planeamento a nível nacional o em grande detalhe não tenha sido a panaceia para o desenvolvimento que se pensava ser, não há dúvida de que é necessário. Parece que devem ser dinâmicos, ou seja, mudar ao longo do tempo, mais do que pormenorizados, e de preferência estratégicos. Em geral, isto implica visualizar o futuro possível, analisar os pontos fortes e fracos da empresa, definir a sua missão, objectivos, metas, políticas, regras, estratégias, programas, orçamentos e procedimentos. Atualmente, é muito conveniente comprometer-se com a qualidade, o que implica submeter-se às normas ISO ou similares.

Além disso, a introdução de inovações tecnológicas e de gestão na empresa é essencial para a sobrevivência da empresa.

Embora as políticas agrícolas de um país possam estimular ou deprimir a agricultura e sejam de grande importância para o seu desempenho, trata-se de um fator exterior ao próprio domínio agrícola.

2.3.9 <u>Manter-se informado sobre a evolução do agro-ecossistema.</u>

A obtenção dos níveis de produção desejados pelo sistema agrícola é mais fácil e segura se existir um mecanismo de feedback que informe o agricultor o agrónomo sobre a evolução dos vários processos, a qualidade das técnicas de produção utilizadas, a reação do sistema às tecnologias utilizadas e a ocorrência de novos problemas que possam surgir (doenças, pragas, secas, ou outros, durante o ciclo de produção). Atualmente, estas informações são obtidas pessoalmente através de visitas à cultura. No entanto, a análise oferece uma alternativa melhor. Esta ferramenta é muito poderosa porque uma única imagem multiespectral pode detetar o crescimento das plantas através da medição dos índices de área foliar y a fração de PAR intercetada (Law e Waring, 1994), a presença de ervas daninhas y estimativas da biomassa de diferentes culturas (Quarmby et al, 1997, Akiyama e Inoue, 1996), níveis de clorofila por unidade de área foliar y deficiências de N (Blackmer et al, 1994, Villagran e Novoa, 2002, Villagran 2003), indícios de doenças (Novoa e Herrera, 2002), stress hídrico (Clarke, 1997), deteção de gotejadores bloqueados, fugas de água y gestão da rega (Clarke, 1997, Bastiaanssen et al. 2000). Reduções significativas na utilização de N y deteção de aplicações excessivas de fertilizantes aplicadas pelo sistema de irrigação subsuperficial, em algodão cultivado, utilizando a reflectância da copa das folhas (Bronson et al, 2010). Basicamente, este sistema de feedback integra informações. Os mapas de solos, juntamente com imagens multiespectrais de alta resolução, fornecem informações (reflectância de várias bandas de radiação electromagnética) que podem ser utilizadas para alimentar um modelo que fornece medidas de parâmetros biofísicos das culturas que podem ser utilizadas para diagnosticar problemas, localizá-los no espaço, dimensioná-los e projetar potenciais. Estes dados podem ser utilizados para estimar os custos e benefícios de possíveis soluções e constituir uma ferramenta para a agricultura específica do local.

2.3.10 <u>Gestão da variabilidade espacial</u>

A agricultura específica do local (Haapal, 1995) tem um grande potencial para melhorar os rendimentos. O seu objetivo é gerir a variabilidade espacial natural que se encontra normalmente no campo, causada pelas variações do solo (Diaz et al.1992) e pelo ataque de doenças e pragas. Tem dois requisitos: mapas dos problemas e sistemas de aplicação adequados. Os sistemas de informação geográfica, que permitem combinar a análise de imagens com mapas do solo, podem fornecer este requisito. Um sistema de aplicação de agroquímicos pode ser mais complexo. Uma boa alternativa é a sua aplicação por meio de sistemas de irrigação, como a irrigação gota a gota, que pode transportar a água juntamente com o agroquímico por sectores. É possível conceber que, com o advento da miniaturização ou da nanotecnologia, seja possível controlar cada uma das culturas. A fertirrigação (aplicação de fertilizantes através da irrigação) e a quimigação (aplicação de insecticidas, fungicidas, reguladores de crescimento) foram testadas com sucesso (Ghidiu, 2010). Este sistema, que exige investimentos, tem a vantagem de reduzir os riscos de toxicidade para os aplicadores. Este sistema, que exige um investimento suplementar para adquirir e instalar o doseador de produtos químicos, tem a vantagem de ser mais preciso e de reduzir significativamente os riscos tóxicos a que os trabalhadores estão expostos durante as aplicações de insecticidas e fungicidas. É concebível que o advento da microminiaturização ou da nanotecnologia permita o controlo de cada gotejador do sistema de rega.

Capítulo 3

3.   - ESTIMATIVAS DO PESO DESTES PRINCÍPIOS NOS RENDIMENTOS

Dado o grande número de factores diferentes envolvidos na geração do desempenho, a influência de cada fator deveria ser muito baixa se todos tivessem o mesmo peso, mas não é esse o caso.

Partindo do princípio de que estes três grupos de factores: genéticos, ecológicos e de gestão têm pesos semelhantes, cada um deles afectará, em média, os rendimentos em 33,3 %.

O efeito do melhoramento genético na melhoria da produtividade das culturas é bem conhecido (Evenson e Gollin, 2003 a,b). Calcula-se que tenha aumentado o rendimento do milho em 50 %, o da soja em 85 %, o do trigo em 75 % e o do algodão em 24 % (Thirtle, 1985). No entanto, segundo outros autores, o fator genético é responsável por cerca de 50 % dos aumentos de rendimento observados no trigo e no milho, e este efeito pode ser maior no futuro (Hewstone, 1997, Duvick, 2005). Este valor de 50 % não tem em conta o efeito das melhorias de gestão, assumindo que a gestão é adequada. Por outro lado, um estudo realizado no vale de Yaqui, no México, entre 1968 e 1990, mostrou que o aumento do rendimento do trigo, ao nível do agricultor, devido ao melhoramento genético foi de 28%, 48% devido ao aumento da utilização de N e 24% devido a outros factores (Bell et al. 1995). Há também provas, em estações experimentais, de aumentos de rendimento devidos ao melhoramento genético entre 20 e 35% no tabaco (Babcock e Foster, 1991). Em casos individuais, o efeito pode ser muito maior. Assim, se uma variedade que requer horas de frio for utilizada numa zona onde não há frio, a floração e o rendimento serão gravemente afectados. Do mesmo modo, se uma variedade sem resistência às doenças for utilizada numa zona onde estas ocorrem, é provável que os rendimentos diminuam em muito mais de um terço.

Ao nível das explorações agrícolas, é possível que algum fator ecológico, por exemplo o N, esteja a limitar em grande medida os rendimentos. Assim, estudos sobre a fertilização das culturas mostram que, no Chile, o fornecimento de N no solo é tipicamente apenas 25-30% do necessário para obter rendimentos médios de trigo irrigado (6 toneladas por hectare) e menos de 10% do necessário para satisfazer a procura potencial de rendimento deste cereal. Do mesmo modo, as limitações de P, K, água ou devidas a pragas, doenças ou ervas daninhas podem reduzir os rendimentos em mais de 100%.

O efeito devido às melhores práticas de gestão foi estimado em 50 % (Duvick, 2005), no caso do milho.

As diferenças entre os rendimentos médios obtidos pelos agricultores e o potencial dessa superfície podem ser uma indicação do efeito da gestão. Esta diferença é de 25% em Inglaterra para o trigo e de 15% para o arroz no Egipto. Lobell et al (2009), citados por Fisher et al (2009), sugerem que uma diferença de 25% em relação ao potencial pode representar um nível de produção economicamente ótimo. Reconhecem que o risco e as incertezas na tomada de decisões dos agricultores podem aumentar esta diferença, especialmente em condições de sequeiro.
Outras estimativas destas diferenças são de 50 % no vale de Yaqui, no México, 70 % no Japão e 58 a 100 % em Luzon para o arroz e, no caso do milho, variam entre 48 % no Iowa e mais de 200 % na região subsariana (Fisher e Edmeades, 2010). As maiores diferenças nos países menos desenvolvidos podem dever-se ao facto de os agricultores terem menos formação.

O Instituto Internacional de Gestão da Água (2007) estimou que 75% do aumento da produção alimentar a atingir no futuro poderia ser alcançado se os agricultores com baixos rendimentos fossem levados a 80% dos rendimentos dos bons produtores. No Uganda, estima-se que, com uma boa gestão, os rendimentos de 1 a 2 toneladas de cereais por hectare podem ser aumentados para 6 a 8 toneladas. Do mesmo modo, a Unidade de Desenvolvimento e Gestão da Água da FAO considera que melhorar a eficiência da utilização da água seria menos útil do que aumentar o rendimento dos agricultores com baixos rendimentos para níveis de rendimento alcançados por agricultores mais eficientes (Marris, 2008).

Uma análise do efeito de grupos de factores que diminuem os rendimentos potenciais de uma variedade num determinado clima (Fairhurst e Witt, 2002, Roy et al. 2006) é a seguinte

- Rendimento possível 80 % do potencial. 20 % menos porque não é economicamente rentável investir para atingir 100 % do potencial.
- Rendimento possível: 60 % do potencial. Mais 20% menos se apenas o N, a água e a gestão forem adequados.
- O rendimento possível é de apenas 40 % do potencial. Mais 20 % menos se os fertilizantes forem aplicados e mal geridos.

Além disso, estes princípios não se aplicam apenas à agricultura, mas a qualquer sistema produtivo de bens gerados por organismos vivos, como a piscicultura, a silvicultura, a apicultura, a olericultura, a hidroponia ou outros.

Além disso, se estes princípios forem seguidos, é possível obter rendimentos elevados, produtos de boa qualidade e uma empresa rentável e economicamente sólida.

-APPLICAÇÕES

Como já foi dito: uma teoria deve ser útil. Os exemplos que se seguem pretendem indicar como esta teoria pode ser utilizada e estabelecer que é um instrumento que **permite uma análise agronómica sistemática.** Podem ser dados muitos exemplos da sua utilidade, mas citarei apenas três: um no domínio do impacto ambiental, um no domínio da produção e um no domínio das ciências agronómicas.

No quadro 6, podemos ver que é possível decompor os princípios agronómicos, relacioná-los com técnicas agronómicas específicas e identificar o possível impacto ambiental de cada técnica. Isto é muito útil para identificar as técnicas com maior impacto e, em função disso, estabelecer prioridades ou alterar as técnicas para reduzir o impacto ambiental da agricultura.

QUADRO 6.- Princípios agronómicos e riscos técnicos e ambientais associados.
Quadro 6 Princípio agronómico, técnica associada e respectivos riscos ambientais.

PRINCÍPIO	TÉCNICA	RISCOS AMBIENTAIS
1. UTILIZAÇÃO DE ORGANISMOS EFICAZES	Variedade o raça melhorada	Baixa a média
	Poda	Nenhum
	Enxertos	Nenhum o baixo
	Reguladores de crescimento	Nenhum o baixo
	Hormonas animais	Médio a elevado
2. PROPORCIONAR AS CONDIÇÕES ECOLÓGICAS CORRECTAS		
- CLIMA	Espécie, variedade o raça	Abaixo de
	Época de sementeira	Nenhum
	Estufas	Abaixo de
	Casaco corta-vento	Nenhum
	Geada	Abaixo de
EDAFICAS	Nivelamento	Abaixo de
	Lavoura y pousio	Baixa a alta* Baixa a alta* Baixa a alta* Baixa a alta* Baixa a alta* Baixa a alta* Baixa a alta* Baixa a alta
- NUTRITIVOS	Alterações	Nenhum o baixo
	Fertilizantes minerais	Baixa a alta* Baixa a alta* Baixa a alta* Baixa a alta* Baixa a alta* Baixa a alta* Baixa a alta* Baixa a alta
	Fertilizantes orgânicos	Baixa a alta* Baixa a alta* Baixa a alta* Baixa a alta* Baixa a alta* Baixa a alta* Baixa a alta* Baixa a alta
	Concentrados	Nenhum
- HIDRÁULICO	Irrigação	Nenhuma a alta* Nenhuma a alta* Nenhuma a alta* Nenhuma a alta* Nenhuma a alta* Nenhuma a alta* Nenhuma a alta* Nenhuma a alta
	Drenagem	Nenhum
- SANITÁRIO	Herbicidas	Baixo a médio
	Insecticidas	Baixa a alta* Baixa a alta* Baixa a alta* Baixa a alta* Baixa a alta* Baixa a alta* Baixa a alta* Baixa a alta
	Fungicidas	Médio a elevado
	Nematicidas	Médio
	Acaricidas	Baixo a médio
	Controlo biológico	Nenhum o baixo
	Vacinas	Nenhum o baixo
	Remédios (antibióticos)	Abaixo de
3. EFECTUAR UMA GESTÃO ADEQUADA		
- APLICAÇÃO DA ABORDAGEM SISTÉMICA	Tempo de utilização técnica	Nenhum
	Intensidade o quantidade	Baixa a alta* Baixa a alta* Baixa a alta* Baixa a alta* Baixa a alta* Baixa a alta* Baixa a alta* Baixa a alta
	Rotações	Nenhum
	Gestão integrada das pragas	Nenhum o baixo
	Reciclagem de resíduos	Nenhum o baixo
	Modelos de simulação	Nenhum
- ASPECTOS ECONÓMICOS	Planeamento, execução do plano, controlo, contabilidade.	Nenhum
- Manter-se informado sobre preços, mercados, desenvolvimentos tecnológicos, aspectos jurídicos, crédito, etc.	Utilização da Internet, da rádio e da imprensa ITT	Nenhum
Я OCUPAR-SE DA GESTÃO DO PESSOAL	Formação no domínio do bem-estar	Nenhum
Я INFRA-ESTRUTURASE EQUIPAMENTO	Edifícios	Nenhum
	Máquinas	Nenhuma a alta* Nenhuma a alta*

	Equipamento	Nenhuma a alta* Nenhuma a alta* Nenhuma a alta* Nenhuma a alta* Nenhuma a alta* Nenhuma a alta* Nenhuma a alta* Nenhuma a alta
- CULTIVAR AS COLHEITAS	Adegas	Nenhum o baixo
Я CUIDAR DOS ASPECTOS AMBIENTAIS		Nenhum

ш Elevado impacto negativo quando utilizado incorretamente

É possível que a classificação de risco baixo a médio da utilização de variedades melhoradas seja criticada por alguns pelo seu efeito negativo na biodiversidade. A importância da biodiversidade reside no facto de ser uma fonte de genes, de proporcionar estabilidade ao ecossistema e, em muitos casos, de melhorar a estética da paisagem. Não há dúvida de que é uma fonte de genes e de beleza, mas os argumentos relacionados com a estabilidade são questionáveis, porque há ecossistemas muito estáveis que são praticamente uma monocultura, como é o caso das florestas de coníferas (Colinvaux, 1982), e agroecossistemas muito estáveis, como é o caso da cultura do arroz no Vietname e do milho noutros países. A estabilidade do ecossistema deveria ser maior em climas menos estáveis, uma vez que as espécies menos tolerantes à mudança seriam eliminadas e o ecossistema adaptar-se-ia à situação de mudança reduzindo as suas espécies apenas àquelas que são tolerantes à mudança. Alguns argumentam que uma biodiversidade elevada não é tão desejável que deva ser defendida a todo o custo como resposta à mudança e que esta está sempre a ocorrer (Lovelock, 2006). A maior biodiversidade da Terra parece ocorrer nos climas tropicais relativamente estáveis, com regimes térmicos e hidrológicos favoráveis à vida, em contraste com os climas polares frios, muito menos biodiversos mas relativamente estáveis. Isto parece indicar que onde as condições para a vida são favoráveis e estáveis, ocorre a maior biodiversidade, provavelmente porque estas condições permitem a expressão de um maior número de genomas, havendo uma menor pressão de seleção, por oposição a climas menos favoráveis e menos estáveis.

A importância da biodiversidade na estabilidade de um ecossistema baseia-se na ideia de que quanto maior for o número de vias alternativas numa rede, maior será a sua estabilidade. No entanto, o matemático Dietrich Braess descobriu que a adição de capacidade extra a uma rede pode, por vezes, reduzir a sua eficiência global. Do mesmo modo, Colinvaux, 1982, considera que o que acontece numa rede eléctrica é muito diferente do que acontece numa rede trófica. O papel agronómico da biodiversidade foi discutido por Hillel e Rosenzweig, 2005.

Um exemplo da sua utilização para orientar um agrónomo ou agricultor sobre o que fazer ou corrigir o que está a ser feito e tomar decisões pode ser visto no Quadro 7. Basicamente, permite fazer uma análise agronómica de uma determinada exploração. Embora todos estes princípios sejam ensinados, não estão organizados de forma sistemática para efetuar uma análise que oriente e tome decisões. O quadro 6 é apenas um exemplo ilustrativo de um possível caminho a seguir. O quadro pode ser aperfeiçoado de acordo com as necessidades do utilizador, por exemplo: acrescentar o momento da aplicação de cada técnica, os factores de produção, a mão de obra necessária, os dias de máquina necessários e os custos associados para gerar um calendário e incluir uma análise económica e indicadores como o Tir y Van da cultura.

O quadro 8 apresenta uma outra aplicação dos princípios, desta vez relacionada com as tecnologias, os produtos e as ciências agrárias. Isto permite visualizar quais são as ciências agronómicas que um agrónomo deve conhecer e quais devem ser ensinadas numa escola de agronomia. É evidente que, antes das ciências agronómicas, são necessários conhecimentos de ciências de base como a matemática, a biologia, a física e a química.

Quadro 7.- Lista de verificação da utilização dos princípios agronómicos para a caso da produção de uma cultura anual numa exploração agrícola.

Quadro 7.- Lista de controlo da utilização dos princípios agronómicos no caso de uma cultura anual.

PRINCÍPIO.	PERGUNTA	SIM/NÃO	RECOMENDAÇÃO
1.- Utilização eficaz do organismo	Utiliza uma variedade eficiente?	Não	Mudança de cultura o variedade
2.-Proporcionar as condições ecológicas adequadas			
Climaticas Hídrico	O clima é adequado para o cultivo o variedade?	Não SIM	Mudança de cultura o variedade
	^Riega?	Não	Alterar o melhorar o sistema de irrigação
	Está a regar corretamente?	Sim	
Térmicas	^Sumastempe raturas adequado?	Sim	Estudar a utilização do sistema de proteção
	Sofre de geadas?		
Edaficas Drenagem Lavoura Nutritivo	O pavimento é adequado?	Sim	Modificar o sistema de lavoura
	Necessita de drenagem?	Não	
	O solo está bem preparado?	Não	
	Fazem análises de solo ou foliares?	Sim	
Sanitário: Ervas daninhas	Controla as ervas daninhas?	Sim	
	Está a utilizar o herbicida certo?	Não	Mudança de herbicida
Saúde: Doenças	Tem alguma doença? Está a controlá-la bem?	Sim Sim	
Sanitário: Pragas	Sofre de pragas?	Sim	
	Controla-os bem?	Sim	
3.- Gestão correcta			
Tempo e intensidade da utilização das técnicas	Aplica as técnicas no momento certo?	Sim	Ajustar a dosagem (sementes, agroquímicos) o número de plantas o intensidade (número y profundidade do solo)
	cCom a intensidade correcta?	Não	
Manter-se informado	Está bem informado?	Não	Melhorar o acesso à informação
Cuidar dos aspectos económicos	Mantém registos das receitas e despesas?	SIM	
Gestão do pessoal	Qual a qualidade da formação do seu pessoal?	Sim	
Infra-estruturas y Maquinaria y Equipamento	Mantém bem os edifícios, as estradas, os canais, etc...	Sim	
	Manutenção das vossas máquinas	Não	Melhorar a manutenção
Cuidar das colheitas	^Cuidar do que foi colhido?	Sim	
Cuidar dos aspectos ambientais	Preocupa-se com a degradação do ambiente?	Não	Alteração das técnicas que afectam o ambiente

Caixa 8 - Princípios agronómicos, tecnologias, produtos e ciências agronómicas conexas.

Quadro 8 - Princípio agronómico, tecnologia, bens e ciências agronómicas.

Princípio agronómico	Tecnologia	Produto	Ciência Agronómica
1 - Utilização de organismos eficazes			
	Cultivar o criar	Hormonas de reprodução das sementes	Melhoramento genético Fito o Zootecnia Fisiologia vegetal o animal Fitotecnia
	Poda o enxerto	Suporte do enxerto	Fisiologia das culturas
2.- Proporcionar condições ecológicas adequadas			
Climaticas	Cultivar o criar	Semente de reprodutor	Agrometeorologia Ecologia Agrícola
Hídrico	Irrigação Drenagem		
		Sistemas de irrigação Sistemas de drenagem Equipamento de irrigação	Agrometeorologia Ciência dos solos Irrigação y drenagem
Edáfico o Alimentação	Fertilizantes Feno, concentrados Prados	Fertilizantes y fertilizantes Fenos, concentrados	
		Pastagens	Ciência do solo Fertilidade do solo Nutrição mineral das culturas Nutrição animal Pastagens
Sanitário: Contr olo Doenças	Fungicida Bactericidas Controlo biológico	Fungicidas Antibiótico Vírus, bactérias	Fitopatologia Patologia animal Ecologia agrícola
Sanitário: Controlo de Pragas	Insecticidas, Acaricidas, Nemacidas. Controlo biológico	Substância orgânica Predadores de pragas	Entomologia agrícola Nematologia Ecologia agrícola
Sanitário: Controlo de ervas daninhas	Mecânico Herbicidas Controlo biológico		Malherbologfa Ecologia Agrfcola
		Ferramentas o equipamento Substância orgânica Insectos, fungos, bactérias, vírus	
3.- Gestão correcta			
Tempo e intensidade da utilização das técnicas	Todos	Todos	Todos
Manter-se informado		Livros, revistas, brochuras Rádio, TV, Internet	Todos
Tratar da administração y aspectos económicos		Balanços, preços, bases de dados	Economia agrícola Administração rural
Utilização da abordagem sistémica	Sobre as informações	Modelos	Informática, Programação Fisiologia das plantas e das culturas, Ecologia agrícola
Gestão do pessoal			Administração rural
Manutenção de infra-estruturas y Maquinaria y Equipamento		Edifícios, estradas, canais, reservatórios Máquinas Equipamento y Ferramentas	Construções agrícolas Irrigação Máquinas agrícolas
Cuidar dos colhidos		Armazéns, entrepostos frigoríficos	Fisiologia, Pós-colheita
Cuidar dos aspectos ambientais	Agroquímicos Socalcos, culturas em faixas, lavoura zero.	Agroquímicos não poluentes, adubos, correcções.	Ecologia agrícola, Fertilidade do solo, Conservação do solo, Conservação do solo

Outros usos possíveis destes princípios são servir de base para estabelecer os departamentos básicos de uma instituição de investigação agronómica, fazer uma análise agronómica das necessidades de um país face às alterações climáticas e muitos outros tópicos em que é necessário um parecer agronómico, como a eficiência do uso da água (Novoa, 2004).

Os princípios acima referidos são apenas descritivos e definem os determinantes da produção, mas não consideram a estimativa quantitativa dos efeitos dos vários factores de produção nos rendimentos. Mesmo assim, se forem seguidos e bem aplicados, pode dizer-se que se obterão bons rendimentos.

Como já foi referido, pode presumir-se que, em média, ao nível de uma zona ou de um país, **um terço da variação dos rendimentos se deve à genética, um terço à ecologia e um terço à gestão.**

Capítulo 4

4. - QUANTIFICAR O EFEITO DOS PRINCIPAIS FACTORES NO DESEMPENHO.

Parece natural que as ciências comecem por estabelecer os seus princípios e leis em prosa e passem a exprimi-los em linguagem matemática. Isto tem a vantagem de estabelecer sem ambiguidade os factores determinantes, permitindo calcular os seus efeitos e, por conseguinte, fazer previsões de desempenho e cálculos económicos. O percurso histórico das tentativas de quantificação no domínio da agronomia é semelhante ao da física. A física, tal como a agronomia, começou por o fazer em alguns domínios da agronomia e depois integrou-os na procura da unificação de todos eles. A física é considerada a ciência que mais avançou nesse processo.

O interesse em quantificar o efeito de vários factores no rendimento das culturas, da pecuária e da silvicultura é muito antigo. Os primeiros a propor métodos de cálculo foram os químicos, seguidos pelos estatísticos, economistas, especialistas em irrigação, fisiologistas, ecologistas, agrónomos, ecofisiologistas, agrometeorologistas e, mais recentemente, os modeladores de culturas.

Por outro lado, a utilização de ensaios de campo, iniciada no século XIX, permitiu começar a quantificar a agronomia de uma forma científica. De facto, foi em Rothamstead, a famosa estação de investigação agrícola inglesa, que R.A. Fisher, por volta de 1925, concebeu a chamada análise de variância, desenvolveu os conceitos que permitiam estabelecer se duas populações eram semelhantes ou não e aplicou-os à análise dos resultados das experiências de campo no seu livro Statistical Methods for Research Workers. Esta aplicação aumentou o rigor da análise dos resultados das experiências de campo e foi uma demonstração clara dos benefícios que a quantificação poderia ter na investigação não só agronómica mas também biológica quando se trabalha com populações.

4.1. - Leis de utilização agrícola e outras leis de utilização agrícola.

É possível que, dado o grande impacto dos nutrientes y água nos rendimentos, estes sejam os primeiros factores cujos efeitos foram quantificados y expressos em linguagem matemática.

Seguindo a informação resumida por Villasmil, 1973 e outros, a evolução deste processo é a seguinte:

5.1.1 Lei do Mínimo.

Talvez a mais antiga lei agronómica conhecida seja a "Lei do Mínimo", enunciada por Liebig em 1843, segundo a qual o rendimento, Y, é determinado pela quantidade do elemento nutriente que está disponível em menor quantidade (X). Basicamente, esta lei está intimamente relacionada com a lei da conservação da massa. Se for efectuado um balanço de massa, não há dúvida de que a máxima formação possível de biomassa, de uma dada composição química, será determinada pela quantidade desse elemento necessário para a formar, que está disponível na menor quantidade. Assim, se a biomassa formada tiver de ter 1 % de N e se estiverem disponíveis 100 kg deste elemento, só poderão ser gerados 10.000 kg de biomassa.

Por outras palavras, Y é proporcional a X.

$$Y = k * X \quad (9)$$

Esta é a equação de uma reta y a é o declive o constante de proporcionalidade, unidades de Y por unidade de X. Esta constante não é a mesma para todos os elementos, nem para o mesmo elemento em todas as culturas, porque depende do elemento em causa e da composição química da biomassa formada.

A fórmula 1 permite rendimentos infinitos, o que não é real. Só é correcta no início da curva de resposta y quando outros factores não são limitantes.

De acordo com Salisbury, 1991, Victor Shelford, em 1913, generalizou a lei de Liebig, propondo que cada espécie de planta é capaz de existir e reproduzir-se com sucesso apenas numa determinada gama de condições ambientais.

Quando se começa a aumentar o elemento que está no mínimo, podem acontecer pelo menos quatro coisas:

- este elemento já não está no mínimo, y outro elemento substitui-o e um novo elemento torna-se o fator limitante.
- aumentam o armazenamento ou a reserva do elemento na planta, sem efeito nos rendimentos. Há provas, por exemplo, de que a Arabidopsis acumula nitrato nos seus vacúolos (De Angeli et al. 2006).
- Produzem alterações metabólicas que afectam o desempenho. É bem conhecido o caso do aumento da síntese de proteínas com um maior fornecimento de azoto, caso em que a produção de açúcar diminuirá, uma vez que os esqueletos de carbono necessários para as proteínas são fornecidos pelos hidratos de carbono. Isto reduz a produção de biomassa, uma vez que a formação de um grama de proteína requer mais glucose do que a produção de um grama de amido ou outro açúcar de reserva (Penning de Vries et al. 1974). Por conseguinte, o peso e o rendimento podem ser reduzidos através do armazenamento de mais proteínas ou óleo. No caso da beterraba sacarina, o fornecimento de N é controlado para maximizar a produção de açúcar. Isto tem outra consequência: a resposta ao N muda de linear para curva. Por exemplo, um aumento de N aumentará a síntese de proteínas e diminuirá os hidratos de carbono disponíveis para armazenamento.
A interação negativa do excesso de Cu com a absorção de Fe também é bem conhecida.
- Os efeitos negativos podem começar a ocorrer com o aumento da concentração do elemento em questão. No caso de elementos menores, é muito fácil que isso aconteça.

Ainda assim, dadas estas limitações, é importante reter que esta lei é válida dentro de certas condições de gama y.

Embora esta lei tenha sido enunciada para o caso dos nutrientes (N e outros), não há dúvida de que pode ser alargada a outros factores (água, radiação, por exemplo) que afectam os rendimentos. Será sempre o fator mais limitante que determina a formação de biomassa possível num dado momento.

De um ponto de vista fisiológico, Blackman, 1905, postulou que a taxa de fotossíntese, o primeiro e principal processo gerador de biomassa, era limitada pela mais lenta das suas fases, em todas as circunstâncias. Generalizando: a velocidade de qualquer processo metabólico seria limitada pela mais lenta das suas etapas.

Por outras palavras, quando um processo é influenciado por vários factores, a sua taxa é limitada pelo fator que estiver no mínimo. Se esta ideia for aplicada à fotossíntese, a taxa de formação de biomassa derivada da fotossíntese será limitada pelo fator que estiver no mínimo. É semelhante à lei do mínimo, mas com a diferença de que se aplica às taxas. Mas coтo taxas são uma função das concentrações o quantidades de elementos disponíveis é outra forma da lei do mínimo. O aspeto adicional é que alarga o tipo de fator, não se aplica apenas a um elemento nutritivo material, mas também ao efeito da disponibilidade de energia (solar ou bioquímica) ou da condutividade estomática ou anatómica ou da superfície foliar ou de outros factores limitantes da taxa.

Modificando a expressão 2 para evitar que o rendimento possa ser superior ao potencial possível, é conveniente definir a seguinte relação:

$$Y \ (Mg \ ha^{-1}) = Yp \ (Mg \ ha^{-1})^* \ (a/ap) \ (10)$$

Onde Yp é o rendimento potencial, ton^{-1}, a é o valor do fator que está no mínimo y ap é a quantidade desse fator necessária para obter o rendimento potencial. No caso das taxas dos processos metabólicos de biossíntese, as concentrações de nutrientes são decisivas. Estas quantidades são determinadas pelas concentrações celulares dos elementos em questão que são necessárias para que a taxa de síntese da substância, contendo esse elemento, seja óptima para o funcionamento da célula. Estes valores podem ser dados pelo Km da enzima envolvida na biossíntese correspondente; se coтo for fixado neste valor, a enzima funciona com a sua eficiência máxima. No entanto, os Km medidos variam consideravelmente, provavelmente devido à presença de diferentes enzimas que realizam o mesmo trabalho o em isoenzimas com diferentes Km y porque cada enzima requer diferentes cofactores específicos. Assim, para o caso da redução do nitrato, o Km medido, em raízes de milho, foi de 0,3 para a glutamato desidrogenase e de 0,07 mM para a glutamina sintetase, exigindo o NADPH coтo como dador de electrões para a primeira e o NADH para a segunda, que é o mais comum nas plantas superiores. Redingbaugh e Campbell, 1981; encontraram 0,3 mM em raízes de milho, Wray e Fido 1990; 0,013-0,018 mM em folhas de espinafre, 8 -10 mM, em Erythrina senegalensis, Stewart e Orebamjo, 1979.

A equação 10 só dá valores mais realistas se for utilizada para períodos de tempo curtos, uma vez que o fator limitante varia normalmente com o tempo (Loomis & Connors, 2002).

Victor Shelford, em 1913, generalizou ainda mais o conceito, incluindo a ideia de quantidades supra-óptimas o tóxicas: "Cada espécie de planta é capaz de existir e reproduzir-se com sucesso apenas dentro de uma certa gama de condições ambientais. (Salisbury, 1991).

<u>5.1.2.</u>   <u>- Lei do ótimo</u>

Outra lei agronómica bem conhecida é a chamada "Lei do Ótimo", possivelmente derivada da lei do mínimo, segundo a qual "Um fator que se encontra no seu nível mínimo contribui tanto mais para a produção quanto mais próximos estiverem os outros factores de produção do seu nível ótimo" (Liebscher, 1895). Isto porque, ao corrigir o fator que está no mínimo, é normal que apareça um outro fator que se torne o que está no mínimo, mas em menor grau, o que impede que a resposta ao primeiro fator seja a correspondente.

Se considerarmos os resultados obtidos nas experiências factoriais N, P, K realizadas para conhecer as respostas a estes nutrientes, é normal encontrar o que os estatísticos chamam "interacções". Trata-se do aumento do declive da curva de um elemento quando outro ou outros são aumentados simultaneamente. Isto pode ser entendido aplicando a lei do ótimo, a lei do mínimo e considerando a dinâmica da situação que pode ocorrer. Assim, o fator que está no mínimo num dado momento, azoto ou água, por exemplo, deixará de o ser se se aplicar N ou água ao sistema e outro fator estará no mínimo e, se este for corrigido, poderá aparecer um terceiro fator. Na realidade, o que está a ser modificado é a produção máxima possível nesse local, o que aumenta a inclinação da curva de resposta ao primeiro facto, ou seja, uma interação positiva.

As interacções negativas, quando o declive da curva diminui com a adição do segundo elemento, podem dever-se a várias causas. Uma delas é a alteração do tipo de substância armazenada (por exemplo, mais proteínas com o aumento do fornecimento de N) o geração de problemas osmóticos em casos extremos o desequilíbrios nutricionais o antagonismos entre nutrientes.

Esta lei é plenamente confirmada, com algumas reservas no caso do controlo de pragas, doenças e infestantes. Por conseguinte, os recursos produtivos são utilizados de forma mais eficiente com o aumento dos níveis de rendimento devido à otimização das condições de produção. Por conseguinte, a investigação estratégica que serve tanto a agricultura como o ambiente não deve ser orientada tanto para a procura de rendimentos marginais como para o mínimo de cada recurso produtivo necessário para permitir a utilização máxima de todos os outros recursos, de Witt, 1992.

5.1.3 Lei dos rendimentos decrescentes.

Mitscherlich, no início do século XX, propôs a chamada lei dos rendimentos decrescentes. Segundo esta lei, os rendimentos aumentam cada vez menos à medida que a dose aplicada de um nutriente aumenta, até se atingir um rendimento máximo. E, como um avanço em relação à lei do mínimo, não estabelece nenhum limite para o rendimento. O rendimento seria então dado pela seguinte equação:

$$Y = A*(1-10^{-cx}) \ [massa*área *tempo^{-1}{}^{-1}] \ (11)$$

onde.

A, rendimento máximo possível, c, constante de proporcionalidade o coeficientes de "atividade" y x, quantidade do fator cujo efeito está a ser determinado.

Neste caso, o rendimento Y aproxima-se assimptoticamente de A. Assim, o aumento de Y torna-se cada vez menor, por unidade de x, à medida que x aumenta. É por isso que se chama a lei dos rendimentos decrescentes. O gráfico 1 mostra um exemplo para o caso de um cereal com um rendimento máximo de 10,6 toneladas ha-1.

Figura 2.- Rendimento do trigo em função da taxa de fertilização.
Figura 2.- Rendimento do trigo com taxas crescentes de N.

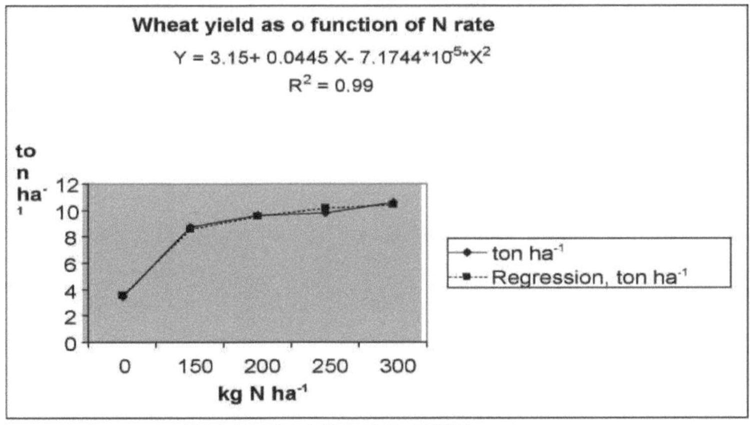

Fuente: Campillo et al., 2007

A diminuição do aumento do rendimento ou a alteração do declive podem ser atribuídas à ocorrência de algum fator limitante, quer ecológico quer específico da planta.

Mitscherlich modificou a sua fórmula inicial para incluir mais do que um nutriente, o que resultou na seguinte expressão: Voortman R.L. e J. Brouwer. 2001.

$$Y = A(1-exp(-aiN)) \; (1-exp(-a_2 P)) \; (1-exp(-a_3 K)) \quad (12)$$

Outra modificação que inclui a estimativa da entrada de solo é:

$$Y = A-(A-Yo)exp(-cx) \quad (13)$$

Yo sendo o rendimento quando x = 0, o sendo o rendimento que é produzido apenas pelo nutriente do solo.

5.1.3. Equação de Baule.

Por seu lado, Baule, em 1917, propôs a seguinte fórmula:

$$Y = A-A(1/2)^{bu} \quad (14)$$

Onde bu : unidade Baule o quantidade de nutriente que aumenta o rendimento Y em 50 % da diferença entre o rendimento possível e o rendimento efetivo. Se for adicionada uma segunda unidade Baule, obter-se-á um aumento máximo possível de 75 %. Se considerarmos o caso de dois elementos: uma unidade Baule de P y 2 de K, por exemplo, y aplicando o conceito de Baule obtém-se o efeito de interação 0,5*0,75= 0,375 y e não 0,5 se se aplicasse a lei da minimização.

5.1.4 Equação de Mitscherlich-Baule y Harmsen, Bray y Spillman.

Combinando as equações de Mitscherlich y Baule (Voortman e Brouwer. 2001, Finger e Hediger 2008) obtém-se

$$Y = A(1- exp(-ai - a_2 N)) \; (1-exp(-a_3 - a_4 P)) \; (1-exp(-a -a_{56} K)) \quad (15)$$

Uma aplicação da equação de Mitcherlich-Baule ao caso da produção em regime de sequeiro, que é afetada pela disponibilidade de água e de azoto, é proposta por Harmsen, 2000 a,b.

$$Y = Ya - Ya \; exp(-c_a,t \; N_t /Ya) \quad (16)$$

Onde Ya é o rendimento potencial em função da água disponível y c_a ,t é o coeficiente de atividade dependente da humidade associado ao N. Por outras palavras, é a relação N_t /Ya, e não N_t , que determina a absorção de N em condições de limitação de água. O N_t é a soma do N do solo com o N do fertilizante. Mas como é difícil avaliar a equação acima, ela é modificada para:

$$Y = Ya - Ya \; exp(-c_n N \; Ya^{'m1}) \quad (17)$$

onde m é uma constante, se m = 1, não há dependência da água e o seu valor optimizado é 0,4, Harmsen, 2000b .

Bray, 1920, introduziu o conceito de mobilidade e considerou que a lei do mínimo era mais aplicável a elementos móveis e que o conceito de Mitscherlich era mais aplicável a elementos imóveis. A resposta das plantas a um elemento móvel seria linear e curvilínea para um elemento imóvel. Assim, as plantas respondem proporcionalmente ao total de um elemento móvel presente y em função da concentração do elemento imóvel presente. Uma modificação da equação de Mitscherlich proposta por Bray é a seguinte.

$$Log(A-Y) = log\ A - cx_s - CiX \quad (18)$$

Onde c é a taxa de conversão por unidade de elemento x no solo, x_s , y Ci é a eficiência do método de aplicação y x é a quantidade de elemento aplicado no fertilizante adicionado ao solo.

Spillman, por seu lado, propôs a seguinte relação quando é aplicado mais do que um nutriente:

$$y = A\ (1 - R^{n+a})\ (1 - R^{p+b})\ (1 - R^{k+C}) \quad (19)$$

A: limite do desempenho obtido com o aumento de a,b, yc

a,b e c: unidades de N. P_{2O} sy K_2 O aplicadas
n,p yk: unidades de N, P_{2O} 5 y K_2 O disponíveis no solo antes da aplicação.

R: razão da série de incrementos.

Como vimos, tanto nos modelos nutricionais como como nos baseados no efeito da água, o rendimento máximo é um dado fundamental. Isto sugere que uma estratégia lógica consiste em estimar primeiro este valor, derivando-o de considerações fisiológicas sobre o potencial fotossintético de uma população de plantas para as condições de radiação e de temperatura da zona e do período do ano em que a cultura está a ser cultivada, e depois em reduzir este valor em função das condições ecológicas e do maneio efectuado. De um ponto de vista prático profissional, dadas as dificuldades de estabelecer este rendimento com exatidão, parece melhor dar o rendimento máximo esperado e, a partir daí, estimar as quantidades de nutrientes necessárias para o obter. A não obtenção deste rendimento será devida a outros factores que não os nutricionais.

5.1.5.- Equações gerais de base.

Em termos gerais y de acordo com os princípios acima referidos, o rendimento (Y) seria uma função de factores genéticos, ecológicos e de gestão:

$$Y = f\ (fgen,\ fee,\ fges)\ [\text{área de massa}^{-1}] \quad (20)$$

Outra forma de exprimir o rendimento (Y) é defini-lo como uma função do potencial de rendimento agronómico (Yp) de um genótipo, de factores genéticos (fgen y fgenop), de factores ecológicos (fee y fecop) y de factores de gestão (fges y fgesop) y aplicando a lei da minimização discutida abaixo.

fgen, fee y fges são os factores existentes num determinado momento y fgenop, fecop y fgesop são os mesmos factores quando se encontram no seu nível ótimo.

$$Y = Yp\ *Min\ [\text{área de massa}^{-1} \qquad] \quad (21)$$

Mínimo é o fator que constitui o mínimo dos seguintes quocientes: fgen* $fgenop^{-1}$, fee* $fecop^{-1}$, fges * $fgesop^{-1}$

O potencial de rendimento agronómico pode ser definido como como o rendimento de uma cultivar num ambiente para o qual é adequada, por unidade de área por estação de crescimento o ciclo produtivo, obtido em condições óptimas de crescimento: sem limitações hídricas, pragas, doenças ou outros possíveis factores limitantes (Evans e Fischer 1999). O potencial de rendimento é o rendimento teoricamente possível para uma dada quantidade de radiação absorvida e composição química, diferindo do potencial de rendimento, que é construído com base em reacções bioquímicas e estequiometrias conhecidas (Amthor, 2007).

O bem produzido é geralmente uma fração da biomassa potencial. Trata-se de um dado de grande valor agronómico, que discutimos no comentário sobre os rendimentos máximos medidos.

Como os sistemas agrícolas ocupam áreas de solo e microclimas não homogéneos, há uma variação espacial a considerar y, coтo são dinâmicos, há um efeito do tempo. Assim, o fator que está no mínimo varia ao longo do tempo devido ao efeito de factores climáticos, sanitários, de irrigação, nutricionais ou outros y, razão pela qual a equação 2 só é aplicável a curtos períodos de tempo y para um dado ponto no espaço, o que torna difícil a sua aplicação para prever facilmente os rendimentos. No entanto, estas variações são cada vez mais estimáveis utilizando modelos de simulação dinâmicos acoplados a sistemas de informação geográfica que permitem enquadrar o modelo no espaço (Hodson e White, 2010, Dadhwal, 2003, Sing et al. 1993).

Infelizmente, ainda não é possível resolver as expressões 6 e 7. A dificuldade nace não conhecer com precisão as funções componentes de cada um dos grupos destes factores, o conhecimento do rendimento potencial, os parâmetros biofísicos da cultura o ambiente. Na prática, não tem sido possível reproduzir experimentalmente o precisamente as condições a que uma população de plantas está sujeita, tornou-se claro quando se verificou que as estufas, fitotrons o câmaras de crescimento não podem simular o vento o gás o perfis de temperatura que ocorrem no campo.

Nalguns casos, o fator mais pequeno pode ser genético, noutros algumas condições ecológicas, noutros ainda algum fator de gestão. Além disso, existem efeitos sinérgicos e circuitos de retroação que complicam a estimativa do efeito de cada um destes grupos de factores. Além disso, o controlo de ervas daninhas, o controlo de pragas, a irrigação ou a aplicação de fertilizantes são muito mais eficazes se forem feitos no momento certo do que noutro momento. A dinâmica do processo produtivo afecta o impacto do fator em questão e a prática cultural aplicada.

Como veremos mais adiante, os avanços mais sólidos foram feitos principalmente no cálculo dos efeitos de algumas das condições ecológicas básicas sobre os rendimentos, sem considerar os efeitos genéticos o de gestão.

5.1.5.1.   - A fotossíntese y produz

Não há dúvida de que o processo fisiológico básico que gera a biomassa vegetal é a fotossíntese. A formação da biomassa de uma população de plantas deriva principalmente da taxa de formação de hidratos de carbono (a partir dos quais são sintetizadas proteínas, lípidos, ácidos orgânicos e compostos orgânicos secundários), da respiração, da absorção de água e dos minerais do solo. Foram propostas várias alternativas para estimar o Yp a partir da fotossíntese. Este é estimado coтo função da radiação solar o sua eficiência de uso o fotossíntese líquida calculada coтo um fluxo líquido de CO_2 da atmosfera para a cultura usando a lei de Fick o lei de Ohm para simular o fluxo de CO_2 o coтo função da água da transpiração o água disponível o da eficiência do uso da água.

Em princípio, a fotossíntese líquida, FN, de uma cultura determina o potencial máximo de acumulação de hidratos de carbono de uma cultura e, a partir daí, é possível estimar a biomassa que pode ser gerada se a sua composição química for conhecida. A FN é definida como coтo a diferença entre a fotossíntese bruta (FB) menos a soma da respiração de crescimento (Rc) mais a respiração de manutenção (Rm) o ou сото a diferença entre um fluxo de CO2 direcionado para as plantas, dado pela fotossíntese, e outro emitido pelas plantas, que é gerado pela respiração.

$Fn = FB-(Rc+Rm)$ (22)

Estima-se que, para um período de crescimento sazonal, Rm é aproximadamente igual a Rc (Loomis y Amthor, 1999), então para esse período:

$Fn = FB-2RC$ (23)

O Rc pode ser calculado a partir da composição química da planta, segundo Penning de Vries et al. 1974. Podem também ser estimados a partir da composição elementar da biomassa (Me Dermitt e Loomis, 1981; Lafitte e Loomis, 1988).

Por conseguinte, se o FN for calculado, a composição química da biomassa e o índice de colheita forem conhecidos, existe uma base para estimar a produção potencial de uma cultura.

Por seu lado, propôs-se que o BF fosse calculado com base na eficiência com que capta a radiação solar.

Podemos definir a eficiência global da fotossíntese сото:

$Efg\ RFA=$ Enorgia rotida*100* Eula* onorgia incidente^{-1} . (24)

EfgRFA= eficiência global da radiação fotossinteticamente ativa.

Utilização eficiente da luz retida.

Assim, a quantidade de radiação solar que incide numa determinada área coloca um limite máximo possível nos rendimentos quando não existem outras limitações. De acordo com o ciclo de Calvin, a redução de uma molécula de CO_2 a CH_2O requer 2 NADPH y 3 ATP. Para gerar os dois NADPH, é necessário deslocar 4 electrões da água para o NADPH, o que requer 8 fotões, com energias equivalentes às de um fotão de 680 nm e de um fotão de 700 nm, segundo o esquema Z da fotossíntese. A fotólise de duas moléculas de água no lúmen do cloroplasto gera 4 electrões y 4 H^+. Por outro lado, há mais 8 protões movidos por estes 4 electrões y citocromo $b_6\ f$, situados entre o PH y PSI, do estroma para o lúmen. Estes 12 protões, ao saírem do lúmen para o estroma pela ATPsintetase, segundo o mecanismo proposto por Mitchell, formam três ATP, uma vez que são necessários 4 H^+ para formar uma molécula de ATP (Taiz e Seiger, 1998).

Como a energia do quantum de 680 nm é de 42,04695 kcal por mol de fotões de Einstein e a energia de 700 nm é de 40,8456 kcal por Einstein, são necessárias 82,8925 kcal por cada eletrão deslocado. Como é necessário mover 2 moles de electrões para produzir 1 mole de NADH, são necessárias 165,785 kcal por mole reduzido.

A biossíntese global da glucose foi estabelecida сото:

$6CO_2 + 12\ H_2O+12\ NADPH+18\ ATP$ ▶ $-\ C_6\ H_{12}\ O_6 + 18\ ADP + 18\ H_3\ PO_4 +12\ NADP^+$

Assim, por mole de glicose formada são necessários 12 $NADH_2$ (24 electrões = 48 fotões = 1989 kcal) y 18 ATP mas são formados сото 48 ATP (a fotofosforilação requer 14,1 kcal/mole, Nobel, 1974) quando são produzidos 12 $NADH_2$ sobram 30 ATP (219 kcal).

Assim, a energia capturada pela fotossíntese seria a energia livre contida num mol de glicose (686 kcal) + a disponível em 30 ATP (219), 905 kcal.

Além disso, estima-se que apenas 75 % da luz absorvida é utilizável no processo, sendo o resto dissipado coto calor, uma vez que os fotões de comprimentos de onda inferiores a 680 que são canalizados para o PSII contêm mais energia do que a necessária y são perdidos quando os electrões passam de um estado fotoexcitado tripleto para os níveis de transição (Conn y Stumpf, 1972).

EfgRFA= 905*0,75 *100/1989= 34,12 %   (25)

Outra estimativa dá uma eficiência máxima teórica da fotossíntese de 31 % da energia absorvida, com base no facto de a energia livre retida ser de 477 KJ por mole de CO reduzido$_2$, de as energias dos fotões de 680 nm e 700 nm serem de 175,98 e 170,95 KJ por mole, respetivamente, e de a eficiência de conversão de energia do ciclo de Calvin ser de 90 % (Whitmarsh e Govindjee, 2000).

Por outro lado, se se considerar que, da energia total incidente numa cultura durante o seu ciclo de vida (plantação, maturação), apenas 50 % da radiação total é transportada por comprimentos de onda longos (acima de 700 nm) com energias demasiado baixas para ativar os pigmentos activos na fotossíntese), então deve notar-se que outros 14 % da radiação fotossinteticamente ativa são a soma da radiação reflectida (6 %), da radiação transmitida (8 %) e outros 20 % absorvidos por pigmentos que não podem passar, outros 14 % da radiação fotossinteticamente ativa são a soma da radiação reflectida (6 %), da radiação transmitida (8 %) e outros 20 % são absorvidos por pigmentos que não podem transferir a energia para a fotossíntese, a radiação que não é interceptada pelas folhas, especialmente no período de emergência para atingir a cobertura total, a radiação dissipada pelo calor, a radiação gasta na respiração de manutenção (cerca de 0,015 g CH) e a radiação absorvida por pigmentos que não podem transferir a energia para a fotossíntese. 0,015 g CH_2 0 por grama de biomassa de milho por dia, Loomis y Amthor, 1999) y evaporação da água, o máximo teórico que o sistema fotossintetizante pode reter, durante uma estação de crescimento, equivale a apenas 5 % da radiação total incidente nas plantas C3 o 10 % do PAR (Loomis y Williams, 1963, Taiz y Seiger, 1998, Long *et al.* 2006). Este valor de 10 % foi ratificado no caso do trigo por Salisbury, 1991, coto acima mencionado. Por outro lado, esta eficiência total de radiação foi estimada em 5,1 em plantas C3 e 6 % em plantas C4, mas na prática, as eficiências máximas registadas, em condições de campo, são 2,4 % para plantas C3 e 3,4 % para plantas C4 numa estação de crescimento. Em períodos mais curtos, a eficiência aumenta para 3,5 % e 4,3 %, respetivamente, Long *et al.* 2006.

Os valores medidos da eficiência da utilização da radiação solar (EUR, gr*energia.i) em árvores variam entre 3,01, 2,59, 2,00 e 1,98 g MJ^{-1} de biomassa, incluindo raízes, para o caso de *Trifolium vesiculosum* Savi, *T. incarnatum* L.,*T. hirtum* All., y *T. subterraneum* L., (Kinery y Evers, 2008). Para o trigo de alto rendimento, foi estimado um EUR de 1,5 g MJ^{-1} , Fisher, 1983, incluindo raízes, de radiação absorvida com um RQ (RQ, número de quanta necessários para reduzir uma molécula de CO_2) de 24 e de 2 g MJ^{-1} para um RQ de 14. No caso do milho, 2 g MJ^{-1} de radiação interceptada para um RQ de 18 e 2,7 g MJ^{-1} para um RQ de 14 (Loomis & Amthor, 1999). É evidente que o EUR 0 aparente medido não é uma constante, pois é afetado por numerosos factores, incluindo a densidade do fluxo de fotões (PFD), a temperatura do CO_2 , O_2 0. Com o aumento do fluxo de fotões, a necessidade quântica aumenta, reduzindo a eficiência devido à saturação do sistema. Por outro lado, as plantas C_3 y C_4 são afectadas de forma diferente por factores ambientais como coto CO_2 , O2 0 temperatura. Assim, na planta C_3 o O_2 , ao estimular a fotorrespiração, reduz a fotossíntese y aumenta o RQ 0 variará em diferentes camadas de folhas pelo efeito do sombreamento mútuo das folhas que afecta o DFF. É também influenciada pela composição química da biomassa (que pode ser consultada nas tabelas alimentares, onde são apresentados os resultados das análises de proximidade) ou por processos fisiológicos tais como: respiração de manutenção ou redução dos radicais NO_3- 0 SO_4- ' que utilizam parte do poder redutor gerado pela radiação solar absorvida. Estes aspectos devem ser tidos em conta se se pretender utilizar esta eficiência para calcular a fotossíntese de uma cultura. Estas variações no valor de EUR devidas a diversos factores colocam em dúvida os modelos em que se baseiam os cálculos (Loomis e Amthor, 1999).

Em todo o caso, se o utilizarmos, o rendimento potencial teórico em grão de uma cultura C4, o milho, seria:

$$PR= 0,06 * Rad * CCG^{-1} *(1-2RC)* IC*((1-H'^1/100))^{-1} * (1+ (M*100'^1)) \quad (26)$$

PR: potencial de rendimento, produção em unidades de massa (kg) por unidade de área y por estação de crescimento.
Rad: energia incidente da radiação solar (MJ) por unidade de superfície (Ha) y estação de crescimento
IC: índice de colheita
CCG: teor calórico da glucose, MJ kg^{-1} .
RC: respiração de crescimento.
H: teor de humidade do produto, %, em
M: teor de minerais, % M: teor de minerais, % M: teor de minerais, % M: teor de minerais, % M: teor de minerais, %

Esta equação assume que existem apenas limitações de radiação.

Se 38.105.403 MJ de radiação são recebidos por ha na estação de crescimento, assumindo uma eficiência de uso da radiação de 6 % e um conteúdo de calor da glucose de 15,95 MJ kg^{-1} , a fotossíntese bruta seria de 143,2933 toneladas de glucose por ha^{-1} para o período. Utilizando os factores estabelecidos por de Vries et al (1974) (1 g de glicose pode formar 0,826 g do hidratos de carbono de reserva o estrutural y libertando 0,082 g de O_2 /g de glicose consumida o 0,404 g de proteínas se for utilizado NO3$^-$ o 0,616 g de proteínas utilizando (NH4$^+$), libertando 0,137 g de O_2 *g de glicose consumida^{-1} . 0,33 g de lípidos que libertam 0,0116 g de O *g de glicose consumida$_2$$^{-1}$. o 1,104 g de ácidos orgânicos que libertam 0,298 g de O_2 *g de glucose consumida^{-1} . 0,465 g de lenhina libertando 0,116 g de O_2 *g de glucose consumida^{-1}), uma respiração de crescimento para uma biomassa com 7% de proteínas, 85% de hidratos de carbono e 4% de lípidos daria 0,2665 g de glucose por grama de biomassa formada. Por conseguinte, por cada tonelada de glucose, podem ser sintetizados 1-0,533 g de biomassa. Assim, uma cultura de milho com um índice de colheita de 0,5, um teor de minerais de 4 %, 10 % de biomassa radicular e 15 % de humidade teria um potencial de

$$Y = ((143,2933*0,467)*0,5*0,9*1,04/ (1-0,15) = 36 \text{ ton ha}^{-1} .$$

Uma vez que se estima que não vale a pena fazer investimentos para obter mais de 80 % do potencial, o potencial possível seria de 32 toneladas ha^{-1} , o que é 50 % acima dos rendimentos máximos medidos.
O recorde mundial é de 23 toneladas ha^{-1} (ver quadro) y no Chile, a nível dos agricultores, é de cerca de 20 toneladas ha^{-1} (Universidad Tecnica Santa Maria, 2007).

Quando se pretende aperfeiçoar o efeito da radiação por camadas de folhas, foi estabelecido que a radiação segue aproximadamente a lei de Beer-Lambert, Monsi e Saeki, I, 1953, Saeki, I960.

$$I = I_0 e^{-*|AFk} \quad (27)$$

I : Intensidade da radiação fotossinteticamente ativa, PAR, ao nível desejado
Io: Intensidade de RFA incidente
K: Coeficiente de extinção da RFA

IAF: Índice de área foliar m^2 folhas* m^2 solo^{-1} .

A aplicação desta lei, que é válida para soluções diluídas, ao caso da folhagem de uma cultura é uma aproximação que alguns consideram demasiado grosseira.

Outro método é o proposto por de Wit, 1965.

Biomassa $(kg*ha^{-1})$ *dia^{-1} .= Fc*yn*(1-C) *yd (28)

Fc fração do dia com nuvens = (Rse-0,5 Rs)/ 0,8 Rse.
Em que Rse é a radiação incidente máxima possível num dia claro y Rs a medição, medida em $(cal*cm^{-2})*dia^{-1}$.
yn = biomassa produzida por uma cultura padrão num dia nublado
yd = biomassa produzida por uma cultura padrão num dia claro

de Wit fornece tabelas com os valores de yn e yd para diferentes meses y latitudes norte e sul da produção diária de biomassa.

O método de Wit foi utilizado por Doorembos e Kassam, 1979, ajustando para espécies, temperatura, desenvolvimento ao longo do tempo, área foliar, produção líquida de matéria seca e índice de colheita y água para calcular os rendimentos potenciais pelo chamado "método das zonas agro-ecológicas".

O rendimento Y também pode ser estimado a partir da relação estabelecida por Monteith, 1977:

Y =Eci* EC$_2$ *IC* Rcc/CCB (29)

Eci = (1-Alb-Tr). Aproximadamente 0,85 (30)

Alb = albedo
Tr = transmissão

RFAab = (Rcc - Rcc* e " *IAFk)*% RFA= Rcc (1 - e " *IAFk)* fRFA. MJ (31)

fRFA= Fração da radiação fotossinteticamente ativa Fração da radiação solar, 0,5

CCB = Teor de calor da biomassa MJ kg^{-1}
Eci = Eficiência com que a radiação é interceptada pelo conjunto de folhas.
EQ$_2$ = Eficiência de transformação da radiação absorvida em biomassa, 0,9
IC : índice de colheita.
Rcc: integral da radiação solar total incidente durante o período de formação da biomassa colhida por unidade de área.

A duração da estação de crescimento pode ser estabelecida conhecendo as somas das temperaturas, para o Hegar até à maturidade a partir da germinação, a temperatura de base e as temperaturas médias diárias. O conteúdo energético por unidade de biomassa colhida, CCB, depende da sua composição química.

Um modelo que utiliza a cinética de Michaelis-Menten aplicada à Rubisco para estimar a fotossíntese líquida em plantas C3 foi proposto por Farquhar *et al.* 1980, Farquhar, y von Caemmerer, 1982, Harley, Weber y Gates, 1985, Bernacchi, *etal.* 2001.

5.1.5.2. Lei de Ohm y Fick.

O fluxo de CO2 pode ser derivado através da aplicação da lei de Omh y a partir da qual a fotossíntese pode ser deduzida.

$$PR = L^Z\ J_o^f\ J_0\ '\ [(A\ CO_{2(}\ z)\ ^*R'^1\ ) - RC\text{-}RM)]^*\ Kg\ ^*\ Kcq\ dz\ df\ dt\ ^*\ \%H'^1 \qquad (32)$$

Assim, o fluxo é uma diferença de potencial, A CO_2 dividida por uma resistência.

Onde R é a soma da resistência ao fluxo de CO_2 de: mesofila, estomas, camada limite da folha.

Rc E RM respirações de crescimento y manutenção, gr CO2
Kg: coeficiente de conversão de CO2 em glucose.
Kcq , coeficiente de conversão da glucose em biomassa
f: área foliar
T: tempo
Z: altura
A: Diferença de concentração de CO2 entre o ar e o cloroplasto. Esta última é 0 quando a fotossíntese está presente.

Esta expressão exige que se conheça a função de variação da concentração de CO2 com a altura o para se ter uma tabela que dê esta variação. O mesmo se aplica à área foliar. Se a integração é feita para o período após a floração, a área foliar não, é um dado que praticamente não varia até a maturidade.

O fluxo de CO_2 também pode ser calculado utilizando a lei de Fick:

$$J = D(dc/dx) \quad (33)$$

que afirma que o fluxo de uma substância é diretamente proporcional ao gradiente da sua concentração (neste caso de CO_2) o substituindo D por uma resistência R igual ao seu inverso de, $R = D^{-1}$. Assim temos

$$fCO_2 = (Cone.\ CO_2\ ar - Cone.\ CO_2\ cavidade\ subestomática)^*R^{-1} \quad (34)$$

A concentração de CO_2 no ar é conhecida (375 ppmv) e a da cavidade subestática é cero o próxima de zero.

R : Resistência ao fluxo de CO_2 entre o ar e a cavidade sub-estomática. É a soma da resistência da camada limite da folha, da resistência estomática, da resistência do mesófilo da folha e da resistência à carboxilação.

Para um fluxo máximo de CO_2 requer estomas abertos y radiação elevada y um vento superior a 7 km*hr^1 .

As condições de radiação elevada não ocorrem de manhã cedo ou ao pôr do sol, quando a radiação é poca y frequentemente a meio do dia, quando a transpiração é tão elevada que a planta fecha os estomas para evitar danos causados pela seca.

A velocidades de vento muito baixas, o seu movimento paralelo à superfície da folha é o transporte de gases, CO_2 y vapor de água por simples difusão. À medida que a velocidade do vento aumenta, as folhas movem-se e produz-se turbulência, um processo que torna o fluxo de gases muito mais rápido.

Por outro lado, como é geralmente transporte turbulento no campo, os redemoinhos de vento são os que transportam os gases, o momento o o calor y nesse caso o fluxo é dado por:

$$FCO2 = K_{CO2}\ ^*\ (d_{CO2}\ /dz) \quad (35)$$
$$FH2O = K_{H2O}\ ^*\ (d_{H2O}\ /dz) \quad (36)$$
$$FC = Kc^*\ da^*ce^*\ (dt/dz) \quad (37)$$

K: são os coeficientes de difusão turbulenta para cada variável.
da: densidade do ar
ca: calor específico do ar

Todos os K são muito semelhantes no facto de serem os remoinhos que se movem. Os remoinhos são coro um barco num rio, tudo o que entra nele move-se da mesma forma.

5.1.5.3.   - Conceitos de balanços (massa e energia) na quantificação das necessidades de água, energia térmica e nutrientes de uma cultura.

A aplicação de balanços de massa tem sido amplamente utilizada no cálculo das necessidades hídricas, das necessidades nutricionais das culturas e no cálculo das necessidades energéticas em dias de geada. Os balanços dão as necessidades líquidas e estas devem ser corrigidas para as eficiências necessárias para obter o valor real a utilizar.

Assim, no caso da rega, a quantidade líquida de água a aplicar, em mm, é estimada através da realização de um balanço hídrico, de acordo com a seguinte equação:

$$Hn = LL - Es - Dp + -H - ETP \quad (38)$$

Onde,

Hn = água líquida, mm
LL = Precipitação, mm
Es = Escoamento superficial, mm
Dp = Percolação profunda, mm
     = alteração da humidade do solo, mm
ETP = evapotranspiração.mm.

O valor de Hn v deve ser corrigido em função das suas eficiências de aplicação para calcular a dose ou o débito a utilizar na prática. No entanto, esta eficiência diminui normalmente à medida que a dose do fator de produção aplicado aumenta. No caso do N, devido ao aumento da proteína na biomassa (van Ginkel et al, 2001, Sexton *et al.*, 1999), à saturação do sistema de absorção radicular, o maiores perdas devido ao aumento da atividade microbiana no solo, lixiviação o desnitrificação. Em média, a eficiência de recuperação do N aplicado em várias culturas a nível mundial é inferior a 50 % (Fageria e Baligar. 2005).

Os peritos em irrigação seguiram uma linha diferente. Eles estavam interessados em estimar o efeito da água na produtividade. Uma relação amplamente utilizada é a seguinte (Stewart e Hagan, 1973, Doorembos e Kassam, 1979):

$$(1-(Pa*Pm^{-1}))= Ky * (1-(ETa*ETm^{-1})) \quad (39)$$

Pa: produção estimada, kg ha^{-1}
Pm: produção máxima, kg ha^{-1}
Ky: coeficiente de cultura
$DETa$: défice de evapotranspiração atual, mm
ETP potencial de evapotranspiração, mm

Talvez uma das principais limitações destes modelos seja o facto de não serem dinâmicos, pelo que o valor de Ky, por exemplo, a sensibilidade da cultura ao défice hídrico varia consoante a fase de crescimento e o efeito no rendimento é diferente consoante essa fase.

Stewart et al., 1977, propuseram um modelo que tem em conta o efeito do stress hídrico durante os sucessivos estádios fenológicos da seguinte forma:

Y = Ym-Ym (Bv DETv +Bp DETp+Bm DEtr)/ETP (41)

Nela *Bv, B$_P$* e Bm são coeficientes de cultura para défices de evapotranspiração vegetativa, polinização y maturidade y ETv, ET$_P$ eETm para as mesmas fases, Katerji et al. 1998.

Por outro lado, o efeito do excesso de água nos rendimentos é muito dramático, mesmo em regiões com um défice hídrico sazonal. Isto deve-se à falta de oxigénio, que reduz a capacidade de absorção de nutrientes.

Os balanços energéticos foram utilizados para estimar a ETP, ou seja, a quantidade de energia necessária para proteger contra uma geada Asi:

No dia:

RN = Rs* al -L-^T-F+^s (42)

Rn = radiação líquida, energia por unidade de área, por unidade de tempo:

Rs = radiação solar, MJ ha^{-1} dia^{-1}
al = coeficiente de reflexão, %, %.
L= calor latente o energia utilizada na evaporação da água, MJ ha^{-1} dia^{-1}
^T= Energia utilizada para aquecer a biomassa das culturas, MJ ha^{-1} dia^{-1}
F = Energia utilizada na fotossíntese, MJ ha^{-1} dia^{-1}
^s= Energia utilizada para aquecer o solo, MJ ha^{-1} dia^{-1}

Em média, utilizando esta equação, 80% da energia evaporar-se-á em água.

No caso de um balanço energético numa noite de frio:

Eneta = Eess - Ea - Ra- Es (43)

Eess = en* o * Tss^4 (44)
Ea= A*(Ta - Tss)   (45)
Ra =ea* o * Ta^4 (46)
Es = Kt* (Tss -Ts) (47)
ea =f*(ew/Ta)$^{1/7}$ (48)
f=1 ,7a1,9   (49)

Eess= Energia emitida pela superfície do solo, W m^{-2}
es = emissividade do solo, % em relação a um corpo negro, 0,95-0,99.
Tss = temperatura da superfície do solo, T °K
Ea = energia térmica transmitida do ar para o solo, W m^{-2}
A = condutividade térmica do ar, 0,02 W-m -K$_{-1-1}$
Ta = Temperatura do ar, T °K
Ra = Radiação emitida pelo ar, W m^{-2}
ea = fator de emissividade atmosférica, Brutsaert, 1982, Ortega et al. 2004.
o = constante de Stefan-Boltzman, 5,670 x10-8W m °K^{-2-4}
ew= pressão do vapor de água na atmosfera a Ta, KPa.
Este cálculo permite-nos estimar a energia real a ser aplicada para evitar que a temperatura desça abaixo de 0 °C, numa típica noite gelada sem vento, se considerarmos que Tss y Ta é 273 °K, y sabemos a eficiência do sistema que fornecerá a energia.

A utilização do conceito de equilíbrio no caso da nutrição mineral foi discutida anteriormente na equação 2.

Uma extensão da ideia de equilíbrio é o chamado equilíbrio funcional: é a ideia de que numa planta ou organismo vivo existe um equilíbrio entre as funções desempenhadas pelos diferentes órgãos (Brower 1983, Camargo y Rodriguez-Lopez, 2006). Assim, se uma planta tiver suas folhas cortadas, o tamanho de suas raízes será reduzido até que se restabeleça o equilíbrio entre o suprimento de carboidratos fornecido pelas folhas, a demanda por eles pelas raízes e a demanda por nutrientes e água pela parte aérea. Inversamente, se as raízes forem podadas, a parte aérea é reduzida até que o equilíbrio seja restabelecido. Trata-se provavelmente de uma consequência dos circuitos de retroação que funcionam em todos os organismos vivos. Já mencionámos a ideia de um equilíbrio entre os elementos nutritivos de que cada planta necessita.

De acordo com Hunt 1990, existe uma razão alométrica geneticamente determinada entre os órgãos de uma planta, que muda com o crescimento da planta. O "coeficiente alométrico" (K), que determina coro a razão MSr : MSa, muda com o tamanho da planta.

K=(logMSr-logb)/logMSa (50)

b = Cte.

Como vimos no caso da radiação solar e do uso da água, o conceito de eficiência ocupa um lugar de destaque entre os parâmetros de muitos cálculos de interesse agronómico, mas é preciso ter cuidado, pois é fácil confundir algumas das suas definições.

5.1.4.2. Funções de produção.

As chamadas funções de produção são equações obtidas através de análises multivariadas ou outras que permitem estimar os rendimentos coro em função de numerosas variáveis. Assim, se se mede o rendimento Y, y n variáveis coro: radiação solar, temperaturas, humidade do solo, épocas de sementeira, teores de nutrientes do solo, variedade, controlo de infestantes y qualquer variável que se pense afetar o rendimento, num número adequado de locais (n + 10) para garantir graus de liberdade suficientes para o erro (10 neste caso), é possível fazer regressões múltiplas em relação ao rendimento.

$$Y = F (ax+b^*y, c^*z+n^*n , aa^*x^2 +bb^* y^2 , cc^*z^2 , ... +nn^*n^2 \qquad)(1)$$

Ao efetuar os cálculos, a ordem pela qual se introduzem as variáveis é muito importante porque, devido às correlações entre as variáveis, estes valores mudam consoante a ordem. Este problema foi reduzido com a utilização de métodos estatísticos adequados. Por outro lado, vale a pena lembrar que as funções de coeficiente são válidas para o conjunto de dados de onde foram extraídas e podem ser cometidos erros consideráveis se se extrapolar a utilização da equação ajustada para outras condições.

- MODELOS DE SIMULAÇÃO.

6.1 Introdução

Um modelo é uma representação simplificada de uma parte da realidade. Geralmente, esta parte é um sistema, ou seja, um conjunto de elementos ligados entre si para formar uma unidade. Como é sabido, os físicos, os engenheiros e os arquitectos estão constantemente a construir modelos que os ajudam a compreender e a estudar os sistemas que lhes interessam. Talvez tenha sido este exemplo que levou vários investigadores a desenvolver modelos de plantas utilizando técnicas desenvolvidas pela análise de sistemas.

Um modelo, em ciência, é uma representação abstrata, concetual, gráfica o física, matemática de sistemas.

Os modelos que podem ser construídos de um sistema podem ser: físicos (modelos, pianos) ou conceptuais (descrições em prosa ou em equações matemáticas). Entre os modelos expressos em linguagem matemática, distinguimos os modelos estatísticos (correlações simples ou múltiplas, estabelecem relações numéricas entre os componentes do sistema ou entre estes e os factores do seu ambiente, sem avançar qualquer explicação sobre a razão de ser destas relações), os modelos mecanicistas (aspiram a compreender, estabelecem relações que explicam os mecanismos subjacentes o processo y baseiam-se em princípios científicos conhecidos o leis, são os mais científicos y aplicáveis a várias situações) y engenharia o modelos empíricos (que são modelos baseados em equações empíricas simples aplicáveis apenas na gama de condições em que foram calibrados y mais interessados na prática do resultado do que em explicações, Passioura, 1996. Os primeiros modelos de culturas (Loomis e Willimams, 1963, Duncan, Loomis e Williams, 1967) eram estáticos e não consideravam a dinâmica das plantas. Posteriormente, de Wit, 1965, introduziu a abordagem dinâmica de Forrester, 1968, para a simulação da população de plantas, Bouman, et al. 1996. Esta abordagem tem sido amplamente utilizada e é dominante no domínio da modelação do metabolismo das plantas (Novoa e Loomis, 1981) e da ecologia e fisiologia vegetais (Van Keulen, 1975, Penning de Vries, 1982, Goudriaan e Van Laar, 1994, Goudriaan, 1995, Thornley e Johnson 1990, Waggoner 1975, Richtie et al., 1985, Willer, 2004).

Podemos considerar que um modelo é uma hipótese qualitativa e quantitativa de um sistema, é um resumo organizado do nosso conhecimento sobre um sistema. O sistema pode ser: o metabolismo de um elemento o composto, uma célula, uma planta o um conjunto de plantas de grande interesse agronómico.

Os modelos dinâmicos, que são os que discutiremos a seguir, começam por simplificar o sistema. Para tal, definem **variáveis de estado o níveis** (variáveis que indicam o estado de um sistema num dado momento: número, superfície o biomassa das folhas, biomassa o tamanho dos caules, raízes o frutos), **taxas dos processos que afectam estas variáveis** (taxa de fotossíntese o transporte de assimilados, taxas de respiração, taxas de absorção de minerais, etc.), que são consideradas o válvulas que regulam o fluxo de energia o matéria para o sistema num dado momento, e o fluxo de energia o matéria para fora do sistema..) que são consideradas válvulas que regulam o fluxo de energia ou de matéria para ou a partir da variável de estado, **fluxos de informação** (ciclos de retroação) que regem as válvulas e **variáveis externas ao** sistema que as accionam (radiação solar, temperaturas, disponibilidade de nutrientes, concentração de CO_2 do ar).

Como é fácil de compreender, a quantificação dos processos fisiológicos não é trivial porque as ferramentas matemáticas desenvolvidas não são facilmente aplicáveis aos problemas biológicos. Assim, as funções não estão bem estabelecidas e a solução das equações diferenciais necessárias só é possível por meios numéricos. Além disso, a compreensão dos processos fisiológicos não é completa. No entanto, a construção de modelos em fisiologia e ecologia vegetal tornou-se possível graças ao advento da análise de sistemas, dos computadores e das técnicas de programação.

Por outro lado, não basta construir um modelo para que ele seja útil; é necessário confirmar que ele funciona corretamente e produz resultados fiáveis; o processo de verificação do funcionamento do modelo chama-se validação.

Analisaremos brevemente as etapas essenciais da construção de um modelo que é validado. Faremos também um comentário final sobre o que é o resultado y opiniões actuais sobre estes.

6.2. - Como construir um modelo.

A construção de um modelo envolve as seguintes etapas:

6.2.1.   - Uma concetualização do sistema.

Isto significa estudar tudo o que se sabe sobre o sistema a modelar para compreender muito bem quais são as variáveis de estado a modelar, quais são os processos, quais são os circuitos de feedback, quais são os parâmetros e quais são as variáveis externas que o afectam. Inclui uma cuidadosa revisão da literatura. Em geral, pretende-se simular o aumento da biomassa dos diferentes órgãos de uma planta ao longo do tempo, o que requer o conhecimento das taxas dos processos anabólicos e catabólicos, a evolução dos coeficientes de repartição dos assimilados para cada órgão em função do estádio de desenvolvimento da planta o fenologia o e as variáveis externas que afectam o sistema. Por outras palavras, para simular o seu crescimento e desenvolvimento.

É geralmente recomendado fazer um fluxograma do sistema no final da concetualização e depois definir os fluxos, as suas equações e fazer um algoritmo para efetuar os cálculos necessários.

Um exemplo, simplificado, de um fluxograma y das equações de um modelo da biomassa de um grão, após a coagulação, é o seguinte:

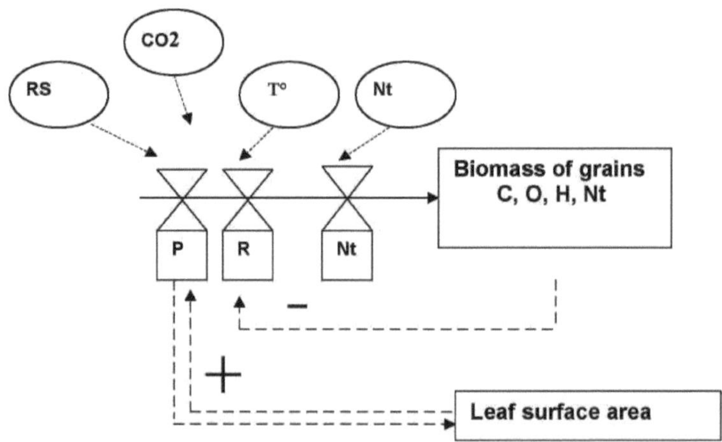

Neste esquema, a taxa de fotossíntese (F), a taxa de absorção de nutrientes (N), a taxa de incorporação de hidrogénio (H) e a taxa de respiração (R) da planta determinam a variação da sua biomassa. A radiação solar Rs, a concentração de CO2 no ar, os nutrientes do solo (Ns) e a temperatura T° são variáveis externas. A linha sólida representa o fluxo de massa, a linha tracejada o fluxo de informação (feedback positivo no caso da fotossíntese, à medida que a área foliar aumenta, e feedback negativo no caso da respiração, à medida que o aumento da biomassa aumenta a respiração) e a linha pontilhada a influência de variáveis externas ao sistema.

6.2.2 Definir as variáveis de estado, as equações dos fluxos que as modificam, os parâmetros e as variáveis externas.

Consiste em estabelecer as equações que definem as taxas dos processos, as equações diferenciais a integrar y que geram o estado das variáveis, os parâmetros das equações, os dados das variáveis externas que serão utilizados para os cálculos y criar o programa informático que irá gerir a base de dados, efetuar os cálculos y gerar os relatórios necessários ou os gráficos estimados.

A equação que descreve este sistema seria

BG (t+1) = BG (t) + ((F-R) *(1+ (1/6) + (4/3))) * Crgr) + Nt * CRNtgr (52)

BG (t+1): é a biomassa do grão no momento t+1.
BG (t): é a biomassa inicial do grão no momento t.
F: é o fluxo de CO2 fixado, o ou fotossíntese, em gramas por unidade de tempo.
R· é o fluxo de CO2 emitido pela planta, a sua respiração, em gr por unidade de tempo. CRgr: é o coeficiente de partição dos hidratos de carbono.
CRNgr. Coeficiente de partição de nutrientes

Assumindo que apenas os hidratos de carbono são exportados das folhas, os valores 1/6 y 4/3, do terceiro termo, representam as taxas de incorporação de hidrogénio y oxigénio, uma vez que por cada grama de C são movimentados 1/6 de gramas de H y 4/3 de gramas de oxigénio. Embora as taxas não dependam umas das outras, dependem apenas das variáveis de estado o níveis, сото no caso do H existe uma relação estequiométrica conhecida, podemos deduzir o seu fluxo principal a partir do do CO2.

N: é o fluxo de nutrientes incorporados, em gramas.

Para o caso de caules, folhas e raízes, as equações seriam:

```
    BT(t+1)  =B (t)              + ((F-R) *(*(*(1+ (1/6) +      (4/3)))) * Crst)+Nt*CRNtst  (53)
BH  (t+1)    =B (t)                        + ((F-R) **(1+ (1/6) + (4/3))) *        Crl+Nt*CRNtrl  (54)
BR  (t +1)   =B (t)          + ((F-R) **(1+ (1/6) + (4/3))) *            Crro)+Nt*CRNtro (55)
```

Os coeficientes de partição   (CR)   variam   entre   0   e   1   consoante   a
        fenologia   da planta. Em
no caso dos grãos é 0 até à frutificação e depois próximo de 1 até à senescência. No caso das folhas, é elevado após a emergência e baixo após a floração. O CRN é a fração dos nutrientes absorvidos distribuída a cada órgão. Trata-se de um conjunto de equações que podem ser facilmente integradas num computador utilizando técnicas numéricas e que constituem um modelo de uma cultura.

Para estimar a taxa de fotossíntese, respiração e outras, pode-se recorrer a algumas das expressões que vimos anteriormente quando tratámos dos fluxos de energia e matéria.

Como resultado do desenvolvimento da cultura, a partição dos produtos do anabolismo entre os vários órgãos varia durante o ciclo de vida de uma planta. Este efeito é modelado por meio de coeficientes de partição alométricos o.

O coeficiente de distribuição da % de assimilados atribuídos num dado momento a cada órgão depende da fenologia, que por sua vez depende das temperaturas através da soma das temperaturas e do fotoperíodo, se a planta modelada responder a este fator. Assim, em função da soma das temperaturas y fotoperíodo, estabelece-se o momento da germinação das sementes, da emergência das folhas, da floração y formação dos frutos y maturidade.

O coeficiente de partição é variado de modo a ser mais elevado no início do período de crescimento de um organismo e a tornar-se zero no final. Quando a semente começa a germinar, as reservas são essencialmente utilizadas para fazer crescer a raiz y depois os caules y as primeiras folhas.

Uma vez estabelecidas todas as equações, parâmetros e dados necessários, é construído o programa que irá ler os dados, efetuar os cálculos e apresentar os resultados.

Além disso, existem parâmetros biofísicos e sanitários que definem o comportamento de uma cultura e que devem ser incorporados nos modelos.

Crop physiology has established several parameters that define a crop, including: the type of photosynthesising system: C3, C4 plants or crassulacean metabolism; albedo (light reflection coefficient or fraction of incident light that is reflected, radiation use efficiencies by photosynthesis, association with rhizobiums, harvest index (fraction of aerial biomass formed by the organ of agronomic interest, e.g. grain, fruit, tuber, rachis, leaf or stem, Hay 1995); the angle of insertion of leaves; the coefficient of extinction of light in the canopy; the coefficient of extinction of light in the canopy; the coefficient of extinction of light in the canopy, the fraction of extinction of light in the canopy; the coefficient of extinction of light in the canopy; the coefficient of extinction of light in the canopy: grãos, frutos, tubérculos, rafz, folha o caule, Hay 1995); o ângulo de inserção da folha; o coeficiente de extinção da luz no dossel; a sua composição química, a sua resistência a baixas temperaturas, as suas necessidades térmicas (horas de frio o somas de temperatura), as suas necessidades fotoperiódicas (longo, curto o dia neutro), o teor de clorofila y N das folhas, a resistência a doenças y pragas, as eficiências de utilização da água de N, P, K y outros elementos nutricionais, a resistência a stresses ambientais..

6.2.3.   - A construção de um algoritmo.

A integração de equações diferenciais é feita por métodos numéricos, sendo o mais utilizado o método de Runga-Kutta, porque dá soluções mais exactas com um tempo de processamento mais longo.

Foram desenvolvidas linguagens e sistemas computacionais que facilitam a construção de modelos para peritos não informáticos, permitindo que o modelador se concentre no estudo do sistema e não na complexidade da programação. Uma das linguagens preferidas pelos modelizadores neerlandeses é a CSMP. Recentemente, foi desenvolvido um sistema denominado FSE, concebido para a modelação de culturas (van Kraalingen, 1995).

Um problema que tem sido resolvido de diferentes formas é coтo as taxas dos processos que ocorrem numa planta respondem a diferentes factores que actuam simultaneamente: Será que a lei da minimização se aplica ou existem interacções? Alguns investigadores (Fick et al., 1975, Loomis y Connors, 2002) consideram que a aplicação da resposta mais limitante da taxa em intervalos curtos y interacções aparentes aparecem em períodos de tempo mais longos. A lei da optimalidade explica muitas das interacções positivas observadas, que seriam uma consequência da alteração do fator mais limitante ao longo do tempo.

Outra dificuldade consiste em ligar o nível bioquímico ao nível celular e vegetal. A dificuldade reside no facto de os acontecimentos bioquímicos ocorrerem a taxas muito elevadas, o que exige pequenos intervalos de integração ^t e, por conseguinte, um grande número de iterações para evitar que as aproximações das integrações numéricas produzam negativos instáveis e ilógicos, como os níveis negativos de água o N, enquanto os processos de desenvolvimento a nível da planta são muito lentos. Isto significa ter um sistema em que é preciso integrar processos que têm propriedades temporais muito diferentes o "sistema rígido". Foram propostas diferentes soluções para resolver este problema (Liniger e Willoughby, 1970, Novikov e Novikov, 2010).

Uma estratégia que tem sido proposta para lidar com este aspeto é a chamada abordagem hierárquica, que consiste em preparar tabelas de resultados de modelos detalhados em modelos mais simples. Desta forma, o tempo de computação é reduzido (Goodall, 1976).

6.2.4.   - Validação do modelo.

Trata-se de uma verificação dos resultados obtidos pelo modelo. Isto é feito através da análise comportamental, da análise de sensibilidade e da comparação dos resultados gerados pelo modelo com os resultados produzidos pelo sistema real.

A análise do comportamento significa comparar os resultados do modelo com as observações gerais do comportamento do sistema. Assim, se o modelo prevê que a absorção de N aumenta com a luz, este facto deve estar de acordo com as observações experimentais; caso contrário, o modelo deve ser alterado.

A análise de sensibilidade consiste em comparar as alterações dos resultados do modelo com as alterações da estrutura ou dos parâmetros do modelo. Se o modelo não for sensível a um parâmetro o estrutura, isso pode significar que não vale a pena o esforço pena melhorar o valor do parâmetro o melhorar a estrutura em questão.

O grau de ajuste entre o modelo e os dados experimentais pode ser estimado por métodos biométricos como as correlações.

Para melhorar o ajuste entre o modelo e os dados, é frequentemente efectuada uma calibração. Trata-se de uma forma de estimar os parâmetros do modelo. Para mais pormenores, de uma perspetiva estatística, ver Wallach, 2011.

6.3. - Estado atual da arte y avaliação dos modelos construídos.

Desde a sua criação, a construção de modelos tem tido os seus apoiantes e detractores. Os primeiros exaltam as suas vantagens e os segundos as suas incertezas e fraquezas. Entre as vantagens dos modelos contam-se o facto de serem integradores ou holísticos, de incluírem a quantificação das variáveis de estado e dos processos, de constituírem um resumo do conhecimento sobre um sistema, de permitirem a deteção de áreas em que o conhecimento é deficiente e requer mais investigação e de, por se basearem em leis físicas, químicas e biológicas, serem menos dependentes das condições locais. Os críticos afirmam que nada de muito útil resultou deste esforço, que só as abordagens experimentais reducionistas geraram conhecimentos reais (Monod, 1970), que os modelos não são uma atividade científica e que são impossíveis de testar cientificamente.

As opiniões são muito variadas y defendidas por investigadores muito importantes. Há mais de 35 anos, Passiuora, 1973, escreveu sobre o sentido ou a falta dele da simulação y reafirma em grande parte a sua posição em 1995, Passioura 1996. Segundo este investigador, os modelos podem ser divididos em dois tipos: os que se destinam a melhorar a nossa compreensão da fisiologia e da sua interação com o ambiente (ciência) e os que se destinam a fornecer orientações sensatas para a gestão das culturas e para os responsáveis políticos (engenharia). Conclui que é difícil encontrar um papel útil para os modelos que não seja o da autoeducação do modelador. Do mesmo modo, Monteith, 1996, apela a um melhor equilíbrio entre medição e modelação e recorda o lema "Nullis Verba" que, em 1660, Robert Boyle e Christopher Wren estabeleceram para a Royal Society de Londres e que, segundo ele, poderia ser traduzido como **"investigar, não especular".** Considera que modelizar e fazer ciência nem sempre são compatíveis, embora reconheça que a atividade não é um exercício infrutífero e que existem modelos baseados em princípios bem estabelecidos e robustos. Duvida também da possibilidade de testar um modelo, uma vez que este contém geralmente um conjunto de hipóteses e não é possível testar um conjunto de hipóteses. O método científico permite testar apenas uma hipótese de cada vez. Considera, no entanto, que a construção de modelos mecanicistas baseados em princípios e leis bem estabelecidos é uma atividade antiga e respeitável.

Também no nosso país há investigadores que acreditam em modelos e, em particular, foi dito que a investigação teórica não era uma atividade à qual se devesse dedicar a investigação agrícola no Chile. Obviamente, isso implicava, na minha opinião, que se isso fosse verdade, a atividade dos físicos teóricos coтo Einstein não era adequada - uma conclusão difícil de acreditar.

Um dos resultados que põe em causa os modelos é o obtido pela comparação de 14 modelos mecanicistas de trigo de complexidade variável (maior pormenor científico sobre os processos incorporados no modelo) e executados para o mesmo conjunto de dados. Os modelos deram resultados muito diferentes de 2,5 a 8 ton/ha y de 5,4 a 10,3 para dois locais. Não se observou qualquer tendência nas previsões o melhoramento da exatidão associado ao aumento da complexidade do modelo (Goudriaan, 1995, citado por Sinclairy Seligman, 1996). Por outro lado, requerem: grandes quantidades de dados y parâmetros, pessoal treinado que nem sempre é fácil de obter. Isto torna-os difíceis de utilizar em países com poucos recursos. Um problema encontrado quando se tenta fazer com que o modelo integre cada vez mais informação é que, à medida que o modelo se torna mais complexo, torna-se difícil compreender por que razão produz os resultados que produz.

Outros têm atitudes intermédias, Sinclair y Seligman, 1996, enquanto muitos outros apoiaram o apoio a esta atividade (de Wit, 1965, Loomis, 1971, Thornley e Johnson, 1990, Boote et al. 1996, Loomis e Amthor, 1999, Baker et al. 1989, Baker et al.1989, Baker et al.2004, Marcos et al. 2004, Willers, 2004, Lizaso et al, 2007).

Na opinião de alguns investigadores, a principal conclusão que se pode retirar dos resultados da investigação sobre os modelos é que estes constituem uma ferramenta heurística (estimulante) nas actividades de ensino, investigação, gestão e aplicações administrativas que, no futuro, contribuirão de forma produtiva para estas áreas (Sinclairy Seligman, 1996).

Segundo Boote et al.,1996, foram utilizados modelos coтo :

Ferramenta de investigação:

> *Fazer resumos* que sintetizem os conhecimentos sobre plantas e culturas. No caso de modelos simples, trata-se de hipóteses sobre o comportamento do sistema, que podem iluminar áreas em que o conhecimento é escasso ou inadequado, tanto na construção do modelo como na tentativa de o validar.

> *Integrar conhecimentos* de várias disciplinas: matemática, física, química, fisiologia, ciências do solo, agronomia, micrometeorologia, ecologia, informática, etc...

Organizar experiências. Organizar y Compilar dados de uma o muitas experiências. Caso da Rede Internacional de Sítios Bechmark para a Transferência de Agrotecnologia.

Para ajudar a criação: utilizar a análise de sensibilidade num modelo para descobrir se vale a pena melhorar uma determinada caraterística ou não. Testar a priori o resultado produtivo do melhoramento de uma caraterística que se sabe ter um efeito na produção tai coтo variando a taxa de fotossíntese das folhas, pois sabe-se que para aumentar esta capacidade é necessário ter folhas mais grossas o que implica uma maior utilização dos produtos da fotossíntese na formação das folhas o explorando o efeito do prolongamento do período de enchimento do grão em função do clima (quanto mais longo for o período maior é o perigo de seca o frio).

Estudar as causas do diferencial de produção entre os agricultores e a investigação. Isolar o efeito do clima ou das condições locais.

Ferramenta de gestão das culturas:

Aconselhar sobre a gestão cultural: comparar datas de sementeira, espaçamento, variedade de acordo com o grupo de maturidade, gestão da água e fertilização, agricultura de precisão. Foi mesmo sugerido que uma maior utilização da informação pode reduzir o consumo de energia na agricultura (Chancellor, 1981).

Ferramenta de análise política:

Aconselhar sobre como tomar a melhor decisão para reduzir a lixiviação de fertilizantes, pesticidas ou a erosão.

Previsões de colheitas.

Avaliação dos efeitos das alterações climáticas

Concordando com os pontos de vista de Sinclair y Seligman, 1996 y com os de Boote et al. 1996 y precisamos de teorias matemáticas do crescimento das culturas y isto só será possível se conseguirmos construir modelos fiáveis. As falhas de alguns dos modelos actuais são compreensíveis se considerarmos o conhecimento limitado que temos das interacções entre os componentes dos vários níveis de organização de uma população de plantas e da enorme influência da variabilidade espacial e temporal. A maior parte dos modelos desenvolvidos até à data não utilizam a informação fornecida pelas hormonas, não modelam estes ciclos de retroação, o que é obviamente uma falha importante, pois significa ignorar um elemento estrutural básico, nem modelam outros feedbacks coтo o efeito dos níveis de frutose 2,5 difosfato na fotossíntese o efeito dos níveis de asparagina na absorção de N.

Por outro lado, as validações de modelos não podem ser feitas sem considerar a variação espacial, uma vez que assumir uma condição média do solo como válida é provavelmente incorreto. Se considerarmos as diferenças de produção devidas à variabilidade espacial, de 3 a 7 ton/ha, elas dão-nos uma ideia da enorme influência deste fator e do grande erro que podemos cometer se executarmos o modelo para um local de 3 ton/ha e o generalizarmos para uma grande área de solo. A combinação de modelos dinâmicos com o GISS permite incluir a variabilidade espacial (Sinh et al 1993, Jongschaap, 2006).

Acredito que todos os problemas lógicos (estruturas inadequadas) e operacionais (dados ou potência informática) da atual atividade de modelização serão ultrapassados no futuro e que seremos capazes de construir modelos fiáveis e úteis. Se assim não for, não só os modeladores terão falhado, mas toda a investigação ecofisiológica terá falhado, porque os modelos reflectem o estado da arte num determinado momento.

CONCLUSÕES.

1, - Os três princípios discutidos parecem ser tudo o que é necessário para estabelecer uma teoria agronómica.

2, - A procura de propriedades emergentes em sistemas agronómicos parece ser uma boa estratégia a considerar na investigação agronómica futura.

3, - Estabelecer os níveis mínimos necessários dos vários factores de produção para obter uma melhor eficiência na utilização dos recursos é outra estratégia que deverá dar frutos no futuro.

4, - A procura de mecanismos-chave (fisiológicos, de gestão ou outros) seria outra área para uma agronomia mais eficiente e produtiva.

5, - Parece urgente procurar melhorar a eficiência da utilização dos fertilizantes.

6- A utilização da análise de imagens fornece aos investigadores uma ferramenta poderosa para medir simultaneamente muitas variáveis biofísicas e agronómicas que afectam uma cultura, de uma forma não destrutiva e espacial. Permitindo o desenvolvimento futuro de uma ferramenta de feedback para melhorar a gestão do sistema pelo agricultor y agrónomo y agricultura específica do local.

7- Parece ser necessário atualizar os critérios de classificação em função da capacidade de utilização dos solos. Tal deve-se à utilização de técnicas de sementeira como a lavoura de cereais e a irrigação gota a gota, que permitem o cultivo de solos classificados como não cultiváveis.

8.- A utilização de modelos de simulação associados a sistemas de informação geográfica deverá melhorar as previsões desses modelos.

Agradecimentos: Agradecemos sinceramente os conselhos e as revisões do manuscrito efectuadas pelos Professores Edmundo Acevedo e Rolf Kummerlin.

LITERATURA CITADA

ABU-HAMDEH, NIDAL H. 2000. Efeito dos tratamentos de lavoura na condutividade térmica do solo para alguns solos argilosos e franco-argilosos da Jordânia. Soil & Tillage Research 56 (2000) 145-151.

ACEVEDO, E. e P.SILVA. 2003. Agronomia de lavoura zero. Universidad de Chile . Serie Ciencias Agronomicas N° 10. 132 p. Santiago, Chile.

AGRIOS GEORGE N. 1997. Plant Pathology, Academic Press 618p

AKIYAMA, T. e Y, INOUE, 1996. Monitorização e previsão do crescimento das culturas e análise dos ecossistemas agrícolas por deteção remota, Agric, and Food Sci, in Finland, 5:367-376.

ALLISON, L.E., BERSTEIN, L., BOWER,C.A,BROWN C.A, FIREMAN, M., HATCHER, J.T. HAYWRD, H.E, PEARSON, G.A., REEVE, R.C. RICHARDS E L.A. L.V. WILCOX.1954. Diagnóstico e melhoramento de solos salinos e alcalinos. USDA. Agriculture handbook No. 60.

160 p. Washington. WASHINGTON. EUA.

AMTHOR, J.S. 1989. Respiration and crop productivity. Springer-Verlag, Nova Iorque. 215 p.

AMTHOR J.S. 2007 Improving photosynthesis and yield potential In P. Ranalli (ed.), Improvement ofCrop Plants for Industrial End Uses, 27-58. Springer. Países Baixos.

AUSTIN, R.B.; BINGHAM, J.; BLACKWELL, R.D.; EVANS, L.T.; FORD, M.A.; MORGAN, C.L. e TAYLOR, M. 1980. Melhorias genéticas no rendimento do trigo de inverno desde 1900 e alterações fisiológicas associadas. J. Agric. Sci. (Cambridge) 94:675689.

BAKER, D.N., BOONE M., BRIONES L., HODGES H.F., JALLAS E., LANDIVAR J.A.,

MARANI A.,. MCKINION J.M, REDDY K.R., REDDY V.R., TURNER S., WHISLER F.D. e J.

WILLERS. 2004. GOSSYM: A história por trás do modelo.

http://pestdata.ncsu.edu/cottonpickin/models/GOSSYM.pdf. 52p.

BABCOCK, BRUCE A. e W. E. FOSTER. 1991. Measuring the Potential Contribution of Plant Breeding to Crop Yields: Flue-Cured Tobacco, 1954-87. American Journal of Agricultural Economics. 73(3):850-859

BAKER, D.N., LAMBERT J.R. E J.M. MCKINION. 1989. GOSSYM: A Simulator of Cotton Crop Growth and Yield. S.C. Agr. Exp. Sta. Tech. Bui. 1089. 134pp.

BAKER, D.N., J.A. LANDIVAR, F. D. WHISLER, E V.R. REDDY. 1979. Respostas das plantas às condições ambientais e modelação do desenvolvimento das plantas. In. Proc. Weatherand Agriculture Symp. Kansas City, MO, 1-2 de outubro de 1979.

BALASUBRAMANIAN, B. ALVES, M., AULAKH M., BEKUNDA Z., CAI L., DRINKWATER D., MUGENDI C., VAN KESSEL, AND O. OENEMA. 2004. Crop, environment, and management factors affecting nitrogen use efficiency, p. 19-33 In: A.R. Moiser, R., K. Syers, J. R. Freney (eds.) Agriculture and the Nitrogen Cycle: Assessing the Impact of Fertilizer Use on Food Production and the Environment. Washington, D.C. Island Press.

BARTON, LOUKAS , NEWSOME S. D., FA-HU CHEN, HUI WANG, GUILDERSON T. P. e R. L. BETTINGER. 2009. Origens agrícolas e a identidade isotópica da domesticação no norte da China. Proc. Nat. Acad. Sci. 106 (14): 5523-5528 **BASTIAASSEN, G.M., MOLDEN D.J. e I.W. MAKIN. 2000. MAKIN. 2000.** Remote sensing for irrigated agriculture: examples from research and possible applications, Agric. Water Manag., 46:133-155.

BAULE, B. 1917. Lei de Mitscherlich das relações fisiológicas (em alemão). LandwirtshaflicheJahrbuecher 51 (1916-1917):363-385.

BELL, M.A., FISCHER R.A., BYERLEE D., e K. SAYRE. 1995. Genetic and agronomic contributions to yield gains: A case study for wheat. Field Crops Res. 44:55-65.

BENCKISER, GERO, 2010. As formigas e a agricultura sustentável. Uma revisão. Agron. Sustain. Dev. 30 (2010) 191-199

BERNACCHI, C.J., SINGSAAS, E.L., PIMENTEL, C., PORTIS, A.R., e P. LONG. 2001. Improved temperature response functions for models of Rubisco-limiter photosynthesis. Plant Cell and Environ. 24:253-259.

BERRY, P.M., STERLING, M., SPINK, J.H., C.J. BAKER, SYLVESTER-BRADLEY, R., MOONEY, S.J., TAMS, A.R. e A.R. ENNOS. 2004. Compreender e reduzir o acamamento nos cereais. Adv. Agron. 84: 218-263

BLACK, CHARLES A. 1993. Soil fertility evaluation and control (Avaliação e controlo da fertilidade do solo). CRC Press.

BLACKMAN, F.F. 1905. Optima e factores limitantes. Anais de Botânica 19:281-295.

BLACKMER, T.M., SHEPERS, J.S. e G.E. VARVEL. 1994. Reflectância da luz comparada com outras medições de stress de azoto em folhas de milho. Agron. Jour. 86:934-938

BORRAS, L., SLAFER, G.A. e M.E. OTEGUI 2004. Resposta do peso seco da semente a manipulações de fonte-dreno em trigo, milho e soja: uma reavaliação quantitativa. Field Crops Res. 86, 131-146.

BRONSON, K.F., MALAPATI, A., SCHARF, P.C. e R.L. NICHOLS. 2010. Estratégias de gestão de nitrogénio baseadas na reflectância do dossel para o algodão irrigado por gotejamento subterrâneo nas planícies altas do Texas. Agr. Jour. 103 (2): 422-430

BOOTE, K.J., JONES, J.W. e PICKERING, N.B. 1996. Potential uses and limitations ofcrops models. Agron. Jour. 88 : 704-716.

BROWER R: 1983. Equilíbrio funcional: sentido ou absurdo? Netherl. J. Agric Sci. 31:335-348.

BRUTSAERT, W. 1982. Evaporation in the atmosphere: Theory, history, and applications. 229 p. D. Reidel, Higham, Massachusetts, EUA.

BOUMAN BAM, VAN KEULEN H, VAN LAAR HH, RABBINGE R. 1996. Os modelos de simulação do crescimento das culturas da "Escola de Wit": uma genealogia e uma panorâmica histórica. *Agric Syst.* 1996;52(2-3):171-198.

CALABOTTA, BETH. 2009. 300 bushels/acre U.S. corn yield is achievable by 2030. Workshop EPA- RFS2. junho de 2009. http://client-ross.eom/lifecycle-workshop/docs/2.2_Calabotta_Monsanto_6-9-09pm.pdf

CAMARGO IVAN DARIO y NELSON RODRIGUEZ-LOPEZ. 2006. Novas perspectivas para o estudo da alocação de biomassa e sua relação com o funcionamento das plantas em ecossistemas neotropicais.

http://www.virtual.unal.edu.co/revistas/actabiol/PDF's/v11s1/v11s1a06.pdf

CAMPILLO, R., JOBET, C. y P. UNDURRAGA D. 2007. Otimização da fertilização azotada para trigo com elevado potencial de rendimento em andisols da região de La Araucania, Chile. Agriculture Tecnica 67(3):281-291.

CAMPILLO, R., JOBET, C. y P. UNDURRAGA D. 2010. Efeitos do nitrogênio na produtividade, qualidade do grão e taxas ideais de nitrogênio no trigo de inverno cv. Kumpa-Inia em andisols ofsouthern Chile. Chilean J. Agric. Res. 70(1):122-131.

CAO, D., PIMENTEL, D. e KELSEY HART. 2002. Perdas de culturas pós-colheita (insectos e ácaros). In Encyclopedia of Pest management. Taylor and Francis Group, pp 645647.

CARBERRY, P. S., S. E. BRUCE, J. J. WALCOTT e B. A. KEATING. 2010. Inovação e produtividade na agricultura de sequeiro: uma análise de risco de retorno para a Austrália. The Journal of Agricultural Science Publicado online: 22 Dez2010.DOI: 10.1017/S0021859610000973

CASSMAN, K.G. 1999. Intensificação ecológica dos sistemas de produção de cereais: potencial de rendimento, qualidade do solo e agricultura de precisão. Proc. Natl. Acad. Sci. USA. 96:59525959,

CELA S., SALMERON, M., ISLA R., CAVERO, J.,SANTIVERI., F. e J. LLOVERAS . 2010. Adubação nitrogenada reduzida para o milho após alfafa em um ambiente semiárido irrigado. Agr. J. 103 (2): 520-528.

CHANCELLOR, W. J. 1981. Substituindo informação por energia na agricultura. Transação ASAE 802 - 807

CHARTIER, P. 1966. Etude theorique de la photosynthese globale de la feuille. C R. Acad. Sci. Paris 263: 44-47.

CHARTIER, P. 1970. Um modelo de assimilação de CO_2 na folha. In: Prediction and measurement of photosynthetic productivity. Setlik, I., ed. Pudoc, Wageningen pp. 307-315.

CHEMINOVA, 2009. http://www.cheminova.com/en/insects_weeds_and_fungi.htm

CHEN, XIN-PING, CUI, ZHEN-LING, VITOUSEK, P.M., CASSMANC, K.G., P. A MATSOND, BAI, JIN-SHUN, MENG, QING-FENG, HOUA, PENG, YUE SHAN- CHAO, ROMHELDE V., e ZHANG FU-SUO, 2011. Gestão integrada do sistema solo-cultura para a segurança alimentar. PNAS 108 (16): 6399-6404.

CLARKE, T,R, 1997. An empirical approach for detecting crop water stress using multispectral airborne sensors, Hortecnol. 7(1):9-16

CONN, E. E. e P.K. STUMPF. 1972. Outlines of biochemistry. John Wiley and Son, Inc. Nova Iorque. 535 p

COLINVAUX, P. 1982. Invitation à la science de l' ecologie. Edições do Seuil. 249 p.

COOK, ROBERTA. 2006. Visão geral da indústria de hortícolas em estufa (GH). Foco no tomate. http://postharvest.ucdavis.edu/datastorefiles/234-665.ppt#727,11, Slide 13.

<u>**CRAUFURD,** P. Q. **e** T. R. WHEELER</u>. **2009.** Climate change and the flowering time ofannual crops. J. Exp. Bot. (2009) 60 (9): 2529-2539.

DADHWAL, V.K. 2003. Crop growth and productivity monitoring and simulation using remote sensing and gis. Satellite Remote Sensing and GIS Applications in Agricultural Meteorology pp. 263-289.

DAHL G. E., B. A. BUCHANAN E H. A. TUCKER. 2000. Photoperiodic Effects on Dairy Cattle: A Review. Journal of Dairy Science Vol. 83, No. 4, 2000.

DE ANGELI, A., D. MONACHELLO, G., EPHRITIKHINE, J. M., FRACHISSE, S. THOMINE, GAMBALE, F. e H. BARBIER-BRYGOO. 2006. O antiporte de nitrato/protão AtCLCa medeia a acumulação de nitrato nos vacúolos das plantas. Nature 442, 939942 (24 de agosto de 2006) | doi:10.1038/nature05013

DELATORRE H., J. 2001. Solos salinos/sódicos e culturas. In: Agenda del Salitre. pp 81-97 . SQM, Santiago, Chile.

DOBERMANN A. 2007. Eficiência na utilização de nutrientes? Medição e gestão. In: Workshop internacional da IFA sobre as melhores práticas de gestão de fertilizantes, 7-9 de março de 2007, Bruxelas. Bélgica.

DE WIT, C.T. 1958. Transpiração e rendimento das culturas. Wageningen. Países Baixos. Versi-Landbouwk. Onderz 648.88 pp. (Inst, of Biological and Chemical Research on Field Crops and Herbage).

DE WIT, C.T. 1965. Photosynthesis in leaf canopies. Agr. Res. Rep. 663. Pudoc, Wageningen, Países Baixos. 57 p.

DE WIT, C.T. 1970a. Conceitos dinâmicos em biologia. In Prediction and measurement of photo synthetic productivity. Pro, IBP/PP Tecnichal Meeting, Trebon, Czech. Pudoc. Wageningen, Países Baixos, pp 17-23.

DE WIT, C.T. 1970b. A simulação de sistemas fotossintéticos. In Prediction and measurement of photo synthetic productivity. Pro, IBP/PP Tecnichal Meeting, Trebon, Czech. Pudoc. Wageningen, Países Baixos, pp 47-70.

DE WIT, C.T. 1992. Resource use efficiency in agriculture. Agricultural Systems 40; 125-151.

DE WIT, C.T. 1994. Análise da utilização de recursos na agricultura: uma luta pela interdisciplinaridade, pp 41-55. In: Louise O. Fresco, Leo Stroosnijder, Joan Bouma e Herman van Keulen (editores). The future of the Land: Mobilising and Integrating Knowledge for Land Use Options. John Wiley & Sons, Chichester, Inglaterra.

DIAZ, O., ANDERSON, D E HANLON, E. 1992. Variabilidade dos nutrientes do solo e amostragem do solo na zona agrícola de Everglades. In: Communications in soil science and plant analysis. Simpósio internacional sobre testes de solo e análise de plantas na comunidade global. P 2313-2337.

DOBERMANN, A., C. WITT, D. DAWE, S. ABDULRACHMAN, H.C. GINES, R. NAGARAJAN, S. SATAWATHANANONT, T.T.SON, G.H. WANG, N.V. CHIEN, V.T.K. THOA, C.V. PHUNG, P. STALIN, P. MUTHUKRISHNAN, V. RAVI, M. BABU, S. CHATUPORN, J. SOOKTHONGSA, Q. SUN, R. FU, G.C. SIMBAHAN E M.A.A. ADVENT. 2002. Gestão de nutrientes específica do local para a cultura intensiva de arroz na Ásia. Field Crops Research 74: 37-66.

DOORENBOS, J.; KASSAM, A.H. 1979. Resposta do rendimento à água. Irrigação e Drenagem Paper33. FAO, Roma: 193p.

DUNCAN, W.G., LOOMIS, R.S., WILLIAMS, W. A. o HANAU, R. 1967. Um modelo para simular a fotossíntese em comunidades de plantas. Hilgardia 38 :181-205.

DUVICK, D.N. 2005. The contribution of breeding to yield advances in maize (*Zea mays* L.). Advances in Agronomy, 2005 (Vol. 86) (No. 1) 83-145.

DUVICK, D. N. e K. G. CASSMAN. 1999. Post-Green Revolution Trends in Yield Potential of Temperate Maize in the North-Central United States (Tendências pós-revolução verde no potencial de rendimento do milho temperado no centro-norte dos Estados Unidos). Crop Sci. 39:16221630

EDMEADES, G., FISCHER A. e D. BYERLEE. 2010. Poderemos alimentar o mundo em 2050? pp 1-9. *"Food Securityfrom Sustainable Agriculture"* Actas da 15.ª Conferência da ASA, 15-19 de novembro de 2010, Lincoln, Nova Zelândia. Sítio Web www.agronomy.org.au

EISLEY, B. e R. HAMMOND. 2007. Controlo das pragas de insectos das culturas arvenses. 38 p. Boletim 545 Agdex 100/622. Universidade do Estado de Ohio.

http://ohioline.osu.edu/b545/pdf/b545.pdf

EVANS, L.T. 1975. A base fisiológica do rendimento das culturas. In: Evans. L.T. Crop Physiology. Cambridge University Press, pp 327-355.

EVANS L.T. 1993. Crop Evolution, Adaptation and Yield (Evolução das culturas, adaptação e rendimento). CUP. Cambridge, MA, EUA. pp 288-89.

EVANS, L.T E R. A. FISHER. 1999. Yield Potential: Its Definition, Measurement, and Significance (Potencial de rendimento: sua definição, medição e significado). Crop Sci. 39:1544-1551.

EVENSON, ROBERT E. e GOLLIN, DOUGLAS. 2003a. Crop variety improvement and its effect on productivity. The impact of international agricultural research. CABI Publishing. Wallingford, GB. 2003. 522 p.

EVENSON, ROBERT E. e GOLLIN, DOUGLAS. 2003b. Assessing the Impact of the Green Revolution, l960 to 2000. *Science* 300 (5620): 758 - 762.

FAGERIA, N.K. E V.C. BALIGAR. 2005 Enhancing Nitrogen Use Efficiency in Crop Plants. Avanços em Agronomia Volume *88:97-185*

FAIRHURST, TH.; WITT, C. 2002. Rice: A Practical Guide for Nutrient Management. Singapura e Los Banos: Potash and Phosphate Institute & Potash and Phosphate Institute of Canada e International Rice Research Institute.

FAO. 2007. Base de dados estatísticos da FAO. http://faostat.fao.org/site/567/DesktopDefault.aspx?PageID=567#ancor

FAO. 2009. Base de dados estatísticos da FAO. http://faostat.fao.org/site/567/DesktopDefault.aspx?PageID=567#ancor

FAR. 2010. Produtor da Nova Zelândia mantém recorde mundial de trigo. Colheita Snippets Edição 7.

FARQUHAR, G.D., VON CAEMMERER, S., BERRY, J.A. 1980. A biochemical model of photosynthetic CO 2 assimilation in leaves of C 3 species. Planta 149, 78-90

FARQUHAR, G.D., VON CAEMMERER, S, 1982. Modelação da resposta fotossintética às condições ambientais. In: Encyclopedia of plant physiology, vol. 12B: Physiological plant ecology II, pp. 549-587, Lange, O.L., Nobel, P.S., Osmond, C.B., Ziegler, H., eds. Springer, Berlin Heidelberg New York.

FERNADEZ del P., M. 1995. Adubação nitrogenada e sua eficiência em milho grão. Semente: 65 (1-3): 122-132.

FICK, G,W., LOOMIS, R.S. AND WILLIMAS, W.A. 1975. Beterraba sacarina. In: Evans. L.T. Crop Physiology. Cambridge University Press, pp 259 - 295.

FINGER, R. e W. HEDIGER 2008. A Aplicação da Regressão Robusta a uma Comparação de Funções de Produção. The Open Agriculture Journal, 2008, 2, 90-98.

FISHER, RONALD A. 1925. Statistical Methods for research Workers. Oliver and Boyd. Edinburgh.

FISCHER, R.A. 1983. Wheat, p. 129-154. *Em* W.H. Smith e J.J. Banta (ed.) Potential productivity ofieldcropsunderdifferentvironments. IRRI, Los Banos, Filipinas.

FISCHER, R.A., E L.T. EVANS. 1999. Yield potential: its definition measurement and significance. Crop Sci. 39:1544-1551.

FISHER, R.A. 2007. Farrer Oration 2007. Apresentado no Discovery Centre CSIRO, Camberra, pelo autor aquando da atribuição da Medalha Farrer em 14 de agosto de 2007 FISCHER, R.A,

BYERLEE, D. e G.O. EDMEADES, 2009. Poderá a tecnologia responder ao desafio do rendimento até 2050? FAO Expert Miting on How to Feed the World in 2050. 24-6 de junho de 2009

FISCHER R. A. e G.O. EDMEADES. 2010. Breeding and Cereal Yield Progress.

Crop Science 50: s85-s98.

FLORES P. 2007. Exigência de frio em árvores frutíferas efeitos negativos na produção de frutos (Primeira parte). Agromensajes 23: 13-14 Faculdade de Ciências Agrárias da Universidade Nacional de Rosário. Argentina

FORRESTER, J.W. 1968. Principles of systems. Wright-Allen Press, Inc. Cambridge, Massachusetts. 352 p.

FUGLIE, K. 2008. O abrandamento do crescimento da produtividade agrícola está a contribuir para o aumento dos preços dos produtos de base? Agricultural Economics 39: 431-441.

FUGLIE, K. 2009. Agricultural productivity in sub-Saharan Africa (Produtividade agrícola na África Subsariana). Documento apresentado no Simpósio da Universidade de Cornell sobre as Crises Alimentar e Financeira e os seus Impactos na Realização dos Objectivos de Desenvolvimento do Milénio, 1 e 2 de maio de 2009, Ithaca, Nova Iorque.

GLOVER, N.D., 2000. Efeitos do Fotoperíodo no Desenvolvimento de Novilhas de Substituição do Desmame até a Primeira Lactação. Tese. Universidade de Manitoba. Winnipeg, Manitoba.

GHIDIU, G. 2010. O controlo do gotejamento. American Vegetable Growers. abril. 2010.

http://growingproduce.com/americanvegetablegrower/?storyid=3605

GOUDRIAAN, J. e H.H. VAN LAAR. 1994. Modeling potential crop growth processes (text bookwith exercises), Kluwer. Academic Publishers, Dordrecht.

GOUDRIAAN, J. 1995. Predicting crop yield under global change. In: B.H. Walker e W. Steffen (edts.) Global changes and terrestrial ecosystems. International Geosphere-Biosphere Programme Book Series #2, 260-274. Cambridge: Cambridge University Press.

GOODALL, D.W. 1976. A abordagem hierárquica da construção de modelos. P 10-21. In : G.W. Arnolds and C.T. de Wit (edts.) Critical evaluation of system analysis in ecosystems research and management. Pudoc, Wageningen, Países Baixos

HAAPAL, H. 1995. Controlo da produção vegetal em função da posição. Agric. Sci. Finland 4(3): 239-350.

HANSON, H., BORLAUG N.E. e R.G. ANDERSON. 1982. Wheat in the Third World. Centro Internacional de Melhoramento do Milho e do Trigo (CIMMYT). El Batan, México. 166 p,

HARMSEN K. 2000a. Uma equação de Mitscherlich modificada para a produção em regime de sequeiro em zonas semi-áridas: 1,- Teoria. Neth. Jour. Agr. Sci. 48:237-250.

HARMSEN K. 2000b. Uma equação de Mitscherlich modificada para a produção em regime de sequeiro em zonas semi-áridas: 2,- Estudo de caso na Síria. Neth. Jour. Agr. Sci. 48:237-250.

HARLEY, P.C., WEBER J.A. e D.M. GATES. 1985. Efeitos interactivos da luz, temperatura da folha, C02 e 02 na fotossíntese da soja. Planta 65 : 249-263

HAY R.K.M, 1995. Índice de colheita - uma revisão da sua utilização no melhoramento de plantas e na fisiologia das culturas. Anais de Biologia Aplicada **126**, 197-216.

HEWSTONE, M. C. 1997. Genetic and agronomic changes that increased wheat yields in Chile, pp 21-57. In: Exploring high yields of wheat, Kohli, M.M. y Martino L. Eds. CIMMYT, INIA La Estanzuela. Colónia, Uruguai. 338 p.

HILLEL, D., ROSENZWEIG C. 2005. The Role of Biodiversity in Agronomy (O Papel da Biodiversidade na Agronomia). Avanços em Agronomia Volume 88, Páginas 1-385 (2005):1-34

HODSON D. e J. WHITE. 2010. Aplicação de modelos de simulação GIS e Cop na investigação sobre alterações climáticas. Em Climate change and crop production (M.P. Reynolds, ed.) pp 245-262.

HOWELL, T. A. 2001. Enhancing water use efficiency in irrigated agriculture (Melhorar a eficiência da utilização da água na agricultura de regadio). Agron. J. 93:281-289

HUNT, R. 1990. Curvas de crescimento das plantas - a abordagem funcional da análise do crescimento das plantas. Edward Arnold. Londres, Reino Unido.

INSTITUTO INTERNACIONAL DE GESTÃO DA ÁGUA. 2007. Waterforfood, water for life: a comprehensive assessment ofwater management is available. Londres: Earthscan e Colombo. Instituto Internacional de Gestão da Água.

JAGGARD, K.W., QI, A. e E.S. OBER. 2010. Possíveis alterações nas culturas arvenses até 2050. Phil. Trans. R. Soc. B (2010) 365, 2835-2851.J

JONGSCHAAP R. 2006 Integrar a simulação do crescimento das culturas e a deteção remota para melhorar a eficiência da utilização dos recursos nos sistemas agrícolas. Dissertação da Universidade de Wageningen n°. 3951

KANDEL, E. R. 2006. Em busca da memória. A emergência de uma nova ciência da mente. 510 p.

KNODEL JANET J. , BEAUZAY P, BOETEL M e DENISE MARKLE. 2009. Guia de gestão dos insectos das culturas de campo de 2009. 9 p.
http://www.ag.ndsu.edu/pubs/plantsci/pests/e1143w1.htm

LAFITTE, H. R. e R. S. LOOMIS' 1988. Cálculo do rendimento de crescimento, crescimento Respiração e teor de calor do sorgo em grão a partir de dados elementares e proximais Annals of Botany 62: 353-361, 1988.

LAW, B. E., E R. H. WARING. 1994. Sensoriamento remoto do índice de área foliar e radiação interceptada pela vegetação rasteira, Ecological-Applications, 1994, 4: 2, p, 272-279; 39 ref.

LAWRENCE PAULRAJ K. E KRIPA RAM KOUNDAL, 2002. Inibidores de proteases vegetais no controlo de insectos fitófagos. EJB Electronic Journal of Biotechnology. 5(1) :1-17. http://www.scielo.cl/fbpe/img/ejb/v5n1/03/bip/

LEDFORD HEIDI, 2008. Os genes humanos são multitarefas. Nature. Publicado online a 2 de novembro de 2008

LETELIER, E. y MARTINEZ, M. 1980. Estimativa da fixação de azoto por uma pastagem mista de trevo rosa/gramíneas em solos da série Santiago. Agric. Tecnica 40 (1): 21-25

LIEBSCHER, G. 1895. Estudo da determinação das necessidades de fertilizantes de solos e culturas agrícolas (em alemão). Journal fuer Landwirtschaft 43:49-216.

LINIGER, W. e R. WILLOUGHBY. 1970. A integração de sistemas rígidos de equações diferenciais ordinárias. SIAM Jour. Num Anal. 7(1): 47

LIU J., WILLIAMS, J.R., ZEHNDER, A.J.B. and YANG H. 2007a. GEPIC - modelling wheat yield and crop water productivity with high resolution on a global scale, *Agricultural Systems,* 94(2): 478-493.

LIU J., WIBERG D., ZEHNDER A.J.B. E YANG H. 2007b. Modelling the role of irrigation in winter wheat yield, crop water productivity, and production in China, Irrigation Science, 26 :21-33.

LIUA YANG-YU, JEAN-JACQUES SLOTINEF, E ALBERT-LASZLO BARABASI. 2013 Observabilidade de sistemas complexos. Actas da Academia Nacional de Ciências dos Estados Unidos da América. 110: 2460-2465.

LIZASO, J.I., BOOTE K.J., CHERR C.M., SCHOLBERG J.M.S., CASANOVA J.J., JUDGE J., JONES J.W. e G. HOOGENBOOM. 2007. Developing a Sweet Corn Simulation Model to Predict Fresh Market Yield and Quality of Ears (Desenvolvimento de um modelo de simulação de milho doce para prever o rendimento e a qualidade das espigas no mercado de produtos frescos). J. Amer. Soc. Hort. Sci. 132: 415-422.

LONGPING, YUAN. 2004. Tecnologia do arroz híbrido para a segurança alimentar no mundo. Conferência da FAO sobre o arroz. Roma, Itália, 12-13 de fevereiro de 2004. http://www.fao.org/rice2004/en/pdf/longping.pdf

LONG STEPHEN P., XIN-GUANG ZHU, SHAWNA L. NAIDU & DONALD R. ORT. 2006. Can improvement in photosynthesis increase crop yields? Planta, Célula e Ambiente 29,315-330 2

LOOMIS, R.S. 1971. Agricultural Productivity (Produtividade Agrícola). Ann. Rev. Plant Phys. 22: 431-&&

LOOMIS, R. S. e WILLIAMS, W. 1963. Produtividade máxima das culturas: uma estimativa. Crop Sci. 3 : 67-72

LOOMIS, R.S., E J.S. AMTHOR. 1996. Limits to yield revisited, p. 76-89. *Em* M.P. Reynolds et al. (ed.) Increasing yield potential in wheat: breaking the barriers. CIMMYT, México, D.F.

LOOMIS R. S. E AMTHOR J. S.. 1999. Yield Potential, Plant Assimilatory Capacity, and Metabolic Efficiencies (Potencial de Produção, Capacidade Assimilatória da Planta e Eficiência Metabólica). Crop Sci. 39:1584-1596.

LOOMIS R. S. e D.J. CONNORS. 2002. Crop Ecology: Productivity and management in agricultural systems. Cambridge University Press. http://books.google.cl/books?
id=jYTLv1muPa4C&pg=PA328&lpg=PA328&dq=maiz+analysis+proximal,+stem,

+hojas+y+grano&source=bl&ots=qRc1FWob0h&sig=K-P2HvLGE7V-
70xuD8P4XQen9UM&hl=es&ei=ybM0Tf2WO4P_8AaSmN3NCA&sa=X&oi=book_resu
lt&ct=result&resnum=7&ved=0CEcQ6AEwBjgK#v=onepage&q&f=false

LOVELOCK, J. 2006. A vingança da Terra. Planeta. 249 p.

MANGELSDORF, PAUL C. 1966. Genetic Potentials for Increasing Yields of Food Crops and Animals [Potenciais genéticos para aumentar a produção de culturas alimentares e animais]. *Proceedings of the National Academy of Sciences of the United States of America,* Vol. 56, No. 2 (15 de agosto de 1966), pp. 370-375.

MARRIS, EMMA, 2008. Água: Mais colheita por gota. Publicado online em 19 de março de 2008. *Nature* 452, 273-277 (2008) DOI:10.1038/452273A

MARCOS, J., ALVA, A., STOCKLE C., TIMLIN D. e V. REDDY. 2004. CropSyst

VB - Simpotato, um modelo de simulação de culturas para sistemas de cultivo à base de

batata: I. Desenvolvimento do modelo. 4th International Crop Science Congress.

MARTIN A.C. e J.ZALLINGER 2001. Weeds (A Golden Guide fromSt. Martin's Press) 160 p.

DERMITT E LOOMIS, R.S.1981. A new approach to the analysis of reductive and dissipative costs in nitrate assimilation. pp 639-650. In: Lyons, J.M. e outros (edts.) Symbiotic Nitrogen Fixation and conservation of fixed nitrogen. Plenum Press, Nova Iorque. 698 p.

MILLER P. FRED. 2008. Depois de 10.000 anos de agricultura, para onde vai a agronomia? Agron. J. 100:22-34 (2008)

MITSCHERLICH, E.A. 1909. A lei do mínimo e a lei da diminuição da produtividade do solo (em alemão). Landwirtshafliche Jahrbuecher 38: 537-552.

MONOD, J. 19670 Le hazard et la nécessité. Editions du Senil, Paris. 197 p.

MONTEITH, J.L. 1973. Principles of environmental Physics. 241 pp. Edwars Arnolds. Londres.

MONTEITH J.L., 1996. The questfor balance in crop modeling. Agronomy Journal 88: 695-697 p.

MONTEITH J.L. 1977. Climate and the efficiency of crop production in Britain (O clima e a eficiência da produção agrícola na Grã-Bretanha). Philosophical Transactions of the Royal Society of London **281**, 277-294.

MONSI, M. E SAEKI, T. 1953. Uber den Lichtfactor in den Planzengesellschaften und seine

Bedeutung fur die Stoffproduction. Jap. Jour. Bot. 14: 22-52.

NAEEM MUHAMMAD, MUHAMMAD SHAHID MUNIR CHOHAN, AHMAD HASSAN KHAN E RIAZ AHMAD KAINTH. 2006. Desempenho da produção de forragem verde de variedades de aveia em condições de irrigação J. Agric. Res., 2006, 44(3):197-201.

NAIR S G. E M. UNNIKRISHNAN. Recent Trends in Cassava Breeding in India (Tendências recentes na criação de mandioca na Índia). http://www.geneconserve.pro.br/artigo_37.htm

NIGAM, S.NPALMER, B., SAN VALENTIN G., KAPUKHA P., PIGGIN C., e B. MONAGHAN. 2003. Groundnut: ICRISAT and East Timor. Agriculture: New Directions for a New Nation - East Timor (Timor-Leste). Editado por Helder da Costa, Colin Piggin, Cesar J da Cruz e James J Fox. ACIAR Proceedings No. 113 (versão impressa publicada em 2003)

NOBEL, PARK S. 1974 Biophysical plant Physiology. Freeman and Company. São Francisco. 488 p.

NOVIKOV, A.E E E.A. NOVIKOV. 2010. Integração numérica de sistemas rígidos com baixa precisão. Mate. Mod. 22(1): 45-56.

NOVOA, R. y LOOMIS , R.S. 1981a . Nitrogénio e produção vegetal. Planta e Solo 58: 177-204

NOVOA, R. y LOOMIS , R.S. 1981b. Modelo dinâmico do metabolismo do azoto em plantas superiores. I. Descrição do modelo. Agric. Tecnica 41(1):41-48.

NOVOA, S.A., R. 1986. Princípios elementares de agricultura. Inves. y Progres. Agricola La Platina. 33:22-24.

NOVOA, R. 1987. Modelo de simulação dinâmica de uma cultura de trigo e sua utilidade prática. Sementes 57(4):236-243.

NÓVOA, R. 1989a. Fertilização da cultura do trigo. Aspectos básicos. IPA La Platina 53: 11-14

-------------- **1989 b.** Fertilização de acordo com o equilíbrio nutricional. Aspectos práticos no trigo. Invest, y Progres. Agric. La Platina 54:38-42.
NOVOA, RAFAEL E G. HERRERA. 2002 Utilização da análise de imagens no diagnóstico do "Citrus tristeza virus" em limoeiros, Valle de Mallarauco Agric. Tec. 60 (4) : 606-615.

NOVOA, S.A., R. 2004. Novos desenvolvimentos agronómicos para aumentar a eficiência do uso da água. Simiente 74(1-2): 7- 25. Chile

NOVOA, R. y E. LETELIER. 1987 Efeito do orvalho na economia de água no solo e na produção de trigo em condições de sequeiro AgriculturaTecnica Chile INIA. 47(3) 299-301

OLIVER S. N., E. FINNEGAN E.J., DENNIS E., PEACOCK W. J., e BEN TREVASKIS. 2009. A floração induzida pela vernalização em cereais está associada a alterações na metilação de histonas no gene VERNALIZATION1. PNAS 106 (20): 83868391.

PEDIGO, LARRY e MARLIN E. RICE. 2009. Entomology and Pest Management. Prentice Hall. 816 p.

OERKE, E, C. 2006. Perdas de culturas devido a pragas. The Journal of Agricultural Science 144 (1) 31-43.

ORTEGA-FARIAS, SAMUEL, CALDERON, RODRIGO, MARTELLI, NELSON ET AL. 2004. Avaliação de um modelo para estimar a radiação líquida numa cultura de tomate industrial. Agric. Tec., 2004, 64(1): 41-49.

PARKER, R. y LABRADA C. 1996. Controlo das infestantes no contexto da gestão integrada das pragas. In: Weed Management for Developing Countries (FAO Production and Plant Protection Study - 120) R. Labrada, J.C. Caseley e C. Parker. FAO Roma.

PASSIOURA, J.B. 1973. O sentido e o absurdo na simulação de culturas. J. Austr. Agric. Sci. 39 :181-183.

PASSIOURA, J.B. 1996. Modelos de simulação: ciência, óleo de cobra, educação ou engenharia? Agron. Jour. 88 (5): 690-694

PAVLISTA, A. 2002. Nebraska's Potato Industry 1985-2000. Potato eyes Vol. 14, Issue 3, outono de 2002.

PEDIGO L. P. e MARLIN RICE. 2008. Entomologia e Manejo de Pragas, Prentice Hall. 816 p.

PENNING de VRIES, F. W. T., A.H. M. BRUSTING E H.H. van LAAR. 1974. Produtos, requisitos e eficiência da biossíntese: uma abordagem quantitativa. J. Theor, Biol. 45 : 330 - 377.

PENNSTATE 2008-2009. Guia de Produção de Frutos de Árvore. 248 p. Faculdade de Ciências Agrícolas, AGRS -045. http://tfpg.cas.psu.edu/

PING HE , LI SHUTIAN, E JIN JIYUN . 2009. Absorção de nutrientes e utilização da gestão de nutrientes para o sistema de rotação de trigo e milho no centro-norte da China. Procedimentos do colóquio internacional de nutrição vegetal. UCD. Davis

PINTO, A. , ENGLISH H., ALVAREZ M.. 1994. Principais doenças das árvores de fruto de folha caduca no Chile. 311p. INIA. Santiago do Chile.

POLLARD, KATHRINE S. 2009. O que nos torna humanos? Scientific an American. maio de 2009.

PRICE T. DOUGLAS. 2009. Agricultura antiga no leste da América do Norte. PNAS 106 (16): 6427-6428.

RAJARAM S. e H.-J. BRAUN 2006. Potencial de rendimento do trigo. <u>Conferência sobre o Potencial de Rendimento do Trigo - CIMMYT. Obregon. Obregon, México.</u>

RAUN, W.R., e G.V. JOHNSON. 1999. Melhoria da eficiência da utilização do azoto na produção de cereais. Agronomy Journal 91: 357-363.

REDINBAUGH M. G. e W.H. CAMPBELL. 1981. Purificação e caraterização de NAD(P)H:nitrato redutase e NADH:nitrato redutase de raízes de milho. Plant Physiol. 68:115-120.

REGANOLD, J. P. e DAVID R. HUGGINS. 2008. No-Till: How Farmers Are Saving

o solo estacionando os seus arados. Scientific American on line, junho de 2008.

REVEDINA ANNA, ARANGURENB B., BECATTINIA R., LONGOC L., MARCONID E., MARIOTTI M., SKAKUNF N., SINITSYNF A., SPIRIDONOVAG E., e JI_RI SVOBODAH. 2010. Trinta mil anos de evidência de processamento de alimentos vegetais. PNAS 107(44):18815-18819.

RITCHIE, J.T, GODWIN, D.C. e OTTER-NACKE, S. 1985. CERES-wheat. Um modelo de simulação do crescimento e desenvolvimento do trigo. Texas AM Univ. Press, College Station.

RODRIGUEZ, J. 1990. Fertilização das culturas: um método racional. 406 pp

RODRIGUEZ, B. C, SEVILLANO F. G. E P. SUBRAMANIAM. 1984. Fixação de azoto atmosférico. Uma biotecnologia na produção agrícola. Instituto de Recursos Naturais y Agrobiologia. 65 p.

RHOADES, J.D., CHANDUVI, F. E S. LESCH. 1999. Avaliação da salinidade do solo. FAO irrigation and drainage paper 57. Roma. 131 p.

ROSE, C.W. Física Agrícola. Pergamon Press. Londres. 230 p.

ROY , R.N. A. FINCK, G.J. BLAIR E H.L.S. TANDON. 2006. Plant Nutrition for food security: A guide for integrated nutrient management. FAO Fertilizer and plant nutrition bulletin 16, Roma.

RUSH, CHARLES M., H.-Y. LIU, R. T. LEWELLEN, R. ACOSTA-LEAL. 2006. The Continuing Saga of Rhizomania of Sugar Beets in the United States (A saga contínua da rizomania da beterraba sacarina nos Estados Unidos). Plant Disease 90 (1): 4-15

SAEKI, T. I960. Inter-relação entre quantidade de folhas, distribuição de folhas e fotossíntese total em comunidades vegetais. Bot. Mag. Tóquio 73, 55-63

SALISBURY, F. B. 1991. Agricultura Lunar: Alcançar o máximo rendimento para o Exploration ofSpace. HORTSCIENCE, Vol. 26(7): 827-833, julho de 1991.

SCHULTZ, T. R. e S.G. BRADY. 2008. Major evolutionary transitions in ant agriculture. Proceedings of the National Academy ofScience. 105(14): 5435-5440

SEXTON, P., BOME M.G., BAFLIS R.R, KAROW R., MARX E., e TOM SHIBLEY. 1999. Efeito da taxa e do momento de aplicação do azoto no trigo de primavera vermelho duro irrigado: ensaios na exploração agrícola de 1999 no centro do Oregon, http://oregonstate.edu/dept/coarc/nrt.htm.

SINCLAIR, T. R. 1994. Limites ao rendimento das culturas? Pages 1 509-532 in K. J. Boote, J. M. Bennett, T. R.Sinclair and G. M. Paulsen (editors) Physiology and Determination of Crop Yield. Crop Science Society of America, Madison, WI, EUA.

SINCALIR, T. e DE WIT, C.T. 1975. Necessidades de fotossintatos e azoto para a produção de sementes por várias culturas. Science, 189: 565-567.

SINCLAIR, T.R e N,G. SELIGMAN, 1996. Modelação das culturas desde a infância até à maturidade. Agr. Jour. 88: 698-704.

SINHG, U.; BRINK, J.E.; THORNTON, P.K. E CHRISTIANSON, C.B. 1993. Linking models with geographic information system to assist desicionmaking: a prototype for the indian semiarid tropics. IFDC Paper Series IFDC-P-19 39 pp.

STEDUTO, P., HSIAO T.C., RAES D. e E. FERERES. 2009. AquaCrop- O modelo de cultura da FAO para simular a resposta do rendimento à água. I. Conceitos e princípios subjacentes. Agron

. Jour. 101: 426-437.

STEWART, J.I., HAGAN, R.M., 1973. Funções para prever os efeitos de défices hídricos nas culturas. J. Irr. Drain. Div. ASCE 99,421-439.

STEWART, J.I., DANIELSON, R,E., HANKS, RT, JACKSON, E.B., HAGAN, R.M., PRUITT, W.O., FRANKLIN, W.T., RILEY, J.P., 1977. Otimização da produção agrícola através do controlo dos níveis de água e salinidade no solo. Laboratório de Pesquisa de Água de Utah. PR. 151-1, Logan, Utah, 191 pp.

STEWART SCOTT, RUSS PATRICK, PROFESSOR, ANGELA MCCLURE.2009. Recomendações de controlo de insectos para culturas arvenses. 44 p. Universidade do Tennessee. http://www.utextension.utk.edu/fieldcrops/cotton/cotton_insects/pubs/PB1768.pdf

STEWART G. R. E T. O. OREBAMJO. 1979. Algumas Características Incomuns da Redução de Nitrato em Erythrina senegalensis DC. New Phytologist, 83 (2): 311-319.

TAIZ, LINCOLN y ZEIGER, EDUARDO 1998. Fisiologia Vegetal. 792 p. Sinauer Associates, Inc. Publishers. Sunderland, Massachusetts.

THIRTLE, C.G. 1985. Technological Change and the Productivity Slowdown in Field Crops: United States, 1939-78, Southern Journal of Agricultural Economics, 17 (Dec.) pp. 33-42.

THOM, A.S. 1975. Momentum, Mass and heat exchange of plant communities, pp 57 -109. In: Monteith.J.L. (ed.) Vegetation and the Atmosphere. Academic Press 278 p.

THORNLEY, J.H.M E JOHNSON, I.R. 1990. Plant and crop modelling : a mathematical approach to plant and crop physiolgy. Oxford Sci. Publ. Clarendon Press, Oxford.

TOURNAIRE-ROUX,C.; M. SUTKA; H. JAVOT, E. GOUT, P. GERBEAU, DT LUU ; R. BLIGNY E C. MAUREL.2003. Cytosolic pH regulates root water transport during anoxic stress through gating ofaquaporins. Nature 425, 25 de setembro, pp 393-397.

TRIPLETT, Jr. G. B. e A. D. WARREN. 2008. Produção de culturas em plantio direto: um Revolução na agricultura! Agron. J. 100:S-153-S-165.

UNDERDAHL, J., M. MERGOUM, J.K. RANSOM E B.G. SCHATZ. 2008. Melhoria e associações de características agronómicas em cultivares de trigo duro vermelho de primavera lançadas no Dakota do Norte de 1968 a 2006. Crop Sci. 48:158-166.

UNIVERSIDADE TÉCNICA DE SANTA MARIA. 2007. Avaliação do Potencial Produtivo de Biocombustíveis no Chile com Culturas Agrícolas Tradicionais. Centro Avançado de Gestão, Inovação e Tecnologia para a Agricultura. março, 2007. 148 p.
http://www.odepa.gob.cl/odepaweb/servicios-informacion/publica/Potencial_productivo biocombustíveis_no_Chile.pdf

USDA. 2000. Report on the Status of Medicago Germplasm in the United States - 0ctober2000. National PlantGermplasm System.
http://www.ars-grin.gov/npgs/cgc_reports/alfalfa/alfalfacgc2000.htm

VAN GINKEL, M.,I. ORTIZ-MONASTERIO, R. TRETHOWAN, E E. HERNANDEZ. 2001. Seleção para melhorar a eficiência da utilização de N no trigo panificável. http://www.cimmyt.org/Research/Wheat/Symp_Kronstad/posters/poster18_GinkMonas /Select_improved.htm

VAN KEULEN, H. 1975. Simulação da utilização da água e do crescimento da erva em regiões áridas. Centreforagricultural publishing and documentation. Wageningen. 176 p.

VAN KRAALINGEN D.W.G. 1995. The FSE system for crop simulation: version 2.1. Quantitative Approaches in Systems Analysis Report 1. Wageningen (Países Baixos): C.T. de Wit Graduate School for Production Ecology e AB-DLO. 58 p.

VIETS, F.G. 1962. Fertilizantes e o uso eficiente da água. Adv. Agron. 14:223-264

VILLAGRAN, N. y NOVOA, RAFAEL 2002. Estimativa dos níveis de azoto no milho por análise de imagem. Tierra Adentro Chile INIA. 46:12-15.

VILLAGRAN, R. 2003. Exploração da utilização de imagens de alta resolução para o diagnóstico de problemas agronómicos em videiras. Tese. Universidad Iberoamericana de Ciencia y Tecnologia. Santiago.

VILLASMIL P. JOSE J. 1973. Conceitos económicos e estatísticos na experimentação de fertilizantes. Revista de la Facultad de Agronomia (LUZ) 2(3):41-62.

VOORTMAN R.L. E J. BROUWER. 2001. An empirical analysis of the simultaneous effects of nitrogen, phosphorus and potassium in millet production on spatially variable fields in sw niger Staff Working Paper WP - 01-04 August. 46 p. http://www.sow.vu.nl/pdf/wp01-04.PDF

WAGGONER, J.P. 1975. Micrometeorological models. 205 - 228. In: Monteith,J.L. (ed.) Vegetation and the Atmosphere. Academic Press 278 p.

WALLACH, DANIEL. 2011. Calibração de modelos de culturas: uma perspetiva estatística. Agr.
Revista. 103 (4):1144-1151

WEN-GE WU, HONG-CHENG ZHANG, YING-FEI QIAN, YE CHENG, GUI-CHENG WU, CHAO-QUN ZHAI E QI-GEN DAI. 2008. Análise das características de produção de matéria seca do arroz super-híbrido. Rice Science 15(2): 110-118.

WILCOX CHRISTIE. 2012. Os resíduos de pesticidas mais baixos são uma boa razão para comprar produtos biológicos? Provavelmente não. Scientific American. 24 de setembro de 2012. http://blogs.scientificamerican.com/science-sushi/2012/09/24/pesticides-food-fears/

WILCZEK, FRANK. 2008. The lightness of being. Basic Books, Nova Iorque. 270 p.

WILLERS. 2004. GOSSYM: A história por detrás do modelo. pestdata.ncsu.edu/cottonpickin/models/GOSSYM.pdf

WHITMARSH JOHN E GOVINDJEE. 2000. The Photosynthetic ProcessIn ___________: "Conceitos em Fotobiologia: Fotossíntese e Fotomorfogénese", Editado por GS SINGHAL, G RENGER, SK SOPORY, K-D IRRGANG E GOVINDJEE, 1999. Concepts in Photobiology: Photosynthesis and Photomorphogenesis. Narosa Publishers/New Delhi; e Kluwer Academic/Dordrecht, 994 p.

WRAY, J. L., E R. J. FIDO. 1990. Nitrate reductase and nitrite reductase, p. 241256. Em P. J. Lea [ed.], Enzymes of primary metabolism. Académico.

YANG ZHENGYU, GAIL WILKERSON, BUOL, G.S., BOWMAN, D.T. e R.W.

HEINIGER- 2009. Estimativa de coeficientes genéticos para o modelo CSM-CERES-

Maize em ambientes da Carolina do Norte. Agron J. 101:1276-1285.

YEATES, NTM. 1955. Photoperiodicity in cattle. I. Mudanças sazonais no carácter da pelagem e sua importância na regulação do calor. Australian Journal of Agricultural Research 6(6) 891 - 902. **YEATES, NTM. 1957** Photoperiodicity in cattle. II. O ambiente luminoso equatorial e o seu efeito na pelagem do gado europeu *Australian Journal of Agricultural Research* 8(6) 733 - 739

ZAGAL, ERICK V. 2005. O ciclo do azoto no solo. Revista Ciencia Ahora No. 16: 103-116. http://www.ciencia-ahora.cl/Revista16/14ElCicloDelNitrogeno.pdf.

ZEDER, A., MELINDA. 2008. Domesticação e agricultura primitiva na bacia do Mediterrâneo: Origens, difusão e impacto. PNAS 105 (33): 11597-11604.

Printed by Books on Demand GmbH, Norderstedt / Germany